日本の下水道を守る!
地下の勇士たち

関口暁子
SEKIGUCHI AKIKO

幻冬舎 MC

日本の下水道を守る！地下の勇士たち

はじめに

二〇二〇年、新型コロナウイルスの拡大によって、世界中が恐怖と不安の渦に陥った。感染拡大を防ごうと、ヨーロッパやアメリカなどではロックダウン（都市封鎖）が行われ、日本でも緊急事態宣言が何度も発出されたりと、人々の行動が制限された。コロナ禍によって、リモートワークやオンライン授業が導入されるなど、「新しい生活様式」での暮らしを余儀なくされている。人々が感染拡大防止に努めても収まる気配は一向になく、感染者数は日々更新を続け、それに伴って重症患者も増加し、医療の現場を圧迫した。

そんな医療現場を第一線で支えるのが、医者や看護師などの医療従事者だ。このコロナ禍において、医療従事者は、私たちの健康と命を守るために必要不可欠な職種として「エッセンシャルワーカー」と呼ばれるようになった。しかし、実は「エッセンシャルワーカー」は、医療従事者だけではない。電気・ガス・水道などのライフライン、交通や物流、生活必需品を提供する小売業など、私たちの最低限の生活・社会インフラ維持のためになくてはならない職種の人も「エッセンシャルワーカー」に当たる。

本書では、私たちの生活を支える「エッセンシャルワーカー」の一つである下水道管理業を取り上げる。家庭や工場などで使用した水を下水道管路へ導く設備の清掃・整備・点検などを行い、管理する仕事である。この下水道環境が正常に維持されているからこそ、街は清潔に保たれ、豪雨時には浸水被害から守ってくれるなど、私たちの暮らしを支えている。

私たちの生活に必要不可欠であるにもかかわらず、世間では「3K」、つまり「汚い、キツイ、危険」な職業といわれることが多い。実際に、下水道管が正常に機能しているかを確認する際や、詰まりなどのトラブルがあった際には、汚れた水のそばで作業を行わなくてはならず、決してきらびやかな仕事ではない。

しかし、そのような世間の目をものともせず、自身の仕事に誇りをもって働いている若者たちが多い、下水道の維持管理に特化した会社がある。それが管清工業株式会社だ。

管清工業は、業界ではパイオニアであり、創業から六十年もの間、リーディングカンパニーであり続けている。

誰かが捨てたゴミは、適切に処理されなければ、地球は汚れる。私たちがおいしいものを作ろうと台所で使った水も、日々の排泄によってトイレで出る汚水も、浄化する過程がなければ海や川は汚染され、そこで暮らす生き物たちやそれを食べる人間にも悪影響を及ぼすことになる。

同社のような下水道の維持管理を行う企業があるからこそ、安心安全に水が運ばれ、浄化され、私たちの水道に戻ってくるのだ。

本書で、「地上」で生活している私たちが知らない、マンホールの下の下水道処理の世界をのぞいてもらうことで、一人でも多くの方が、環境について、地球について、生命について、そして、働くことの意味について考えるきっかけになればと願う。

書籍で企業を取り上げる場合、創業者や経営者たちを中心に語られることが多いが、本書では、「決して華やかではないけれども社会に必要とされている」この下水道事業に飛び込んだ「社員たち」に光を当てたい。現場で日々奮闘する社員たちがいなければ、私たちが安心して暮らせる社会も成り立たないからだ。

彼らの仕事や思いを知ることで、読者の皆さんも自分たちの暮らしにある「当たり前」であることのありがたさを再認識することになるだろう。

目次

第二章 業界のリーディングカンパニーたらしめたのは「ブルーオーシャン戦略」と「技術革新」

第三章　戦略と技術を支えるのは社員──知られざるエッセンシャルワーカーたちの矜持

第四章　人と社会のためだけでなく、未来の子どもたちにバトンをつなぐ――三百年企業を目指して

第一章

人と社会に欠かせない仕事——「下水道維持管理」始まりは一九六四年東京オリンピック

日本に下水道がやってきた

管清工業は一九六二年創業。二〇二二年で六十年の節目を迎える。その名が表すとおり、下水道「管」の「清」掃・維持・管理を行う企業だ。

下水道管の清掃のための機材を欧米から輸入して販売していた藤原産業株式会社が社名変更し、日米産業株式会社となり、創業十周年事業として工事部門を独立させ、創立された。

初代社長は、現社長長谷川健司《はせがわけんじ》の祖父・正《ただし》、二代目は健司の父・清《きよし》。そして現在の社長健司と引き継がれ、長谷川家三代にわたりこの暖簾を守ってきた。管清工業の特徴は、なんといっても「下水道管のメンテナンス」に特化して六十年、この業界でのパイオニアであり、リーディングカンパニーであり続けていることだ。

管清工業の成長の秘訣を探るには、前回の東京オリンピック（一九六四年）開催を抜きにしては語れないだろう。オリンピックの開催がインフラの整備の契機になっている例は数多くあるが、一九六四年の東京オリンピックも例外ではなかった。

「一九六四年東京オリンピックの最大のレガシーは下水道処理」

スポーツ記者歴三十年で、現在日本財団のアドバイザーなどを務める佐野慎輔は、「日本財団ジャーナル」の寄稿文にてこう断言している。

あれから五十七年――。

「東京オリンピック・パラリンピック二〇二〇」が幕を下ろした。

異例ずくめの開催だった今回のオリンピックは、それぞれの思いがあっただろう。「お・も・て・な・し」というキャッチフレーズで日本を沸かせた二度目の夏季オリンピック招致だったが、この時、誰が無観客での開催という前代未聞の展開になると考えただろうか。

世界はこれまでたくさんの「まさか」の繰り返しで、その歴史を刻んできた。もちろん日本も然り、である。

一九六四年の東京オリンピックは世界中の青空を全部もってきたようなすばらしい秋日和のもと、人々の表情も明るかった。日本が経済的に立ち直っていること、そして戦後の焼け野原から、美しい近代的な光景を新たに創造していること、これからも世界の先進国とともに、歩んでいくだけの体力があることなど、多少背伸びをしてでも、見せたい多くの希望があったのだ。

ゆえに、会場である東京を中心としてインフラの整備が急がれた。インフラ整備のなかでも筆頭に挙げられるのは幹線道路、首都高速道路の開通だろう。空港や選手村、各競技場をつなぐ道路設備は、予算も大きく占めていたという。

そしてもう一つ、交通インフラの整備として東海道新幹線や地下鉄、東京モノレールなどの新設もオリンピック開催へ向けたインフラ整備だ。

そして、下水道である。当時の選手村は現在の代々木公園に立地していたが、渋谷区だけを見れば、下水道普及率は招致決定時の一九五九年の三%から、開催時には六十%と飛躍的に伸びている。

もちろん、全国においては下水道の普及は始まったばかりで、地方では当然のように「ボットン便所」も健在だった。ちなみに日本下水道協会によると、令和二年度末でも全国では七十九・七%と、思ったよりも普及率が低いが、東京二十三区で九十九%、横浜市と大阪市は百%となっており、都市部ではほぼ普及は完了している。

ともあれ、東京オリンピックを契機に日本各地の都市部を中心に下水道の整備が急がれ、一九六三年には下水道緊急整備法が施行された。こうした背景をもとに、下水道環境は飛躍的に改善されたのである。

メンテナンス時代の到来

「下水道の老朽化が進んでいます」

そう話すのは代表取締役の長谷川健司だ。一般的に、下水道の耐用年数は五十年といわれている。そうだとすると、前回の東京オリンピック時に敷設をされた都市部の下水道は、おおむね取り換え時期に来ているということになる。

現在、日本での下水道の敷設距離は約四十八万キロメートルで、地球から月までの距離約三十八万キロメートルを優に超えている。仮に先に敷設が進んだ都市部だけを考えても、五十年を経過した下水道管をすべて取り換えるのには、時間を要する。

広報課課長の越智茂《おちしげる》は説明する。

「下水道管の材料であるコンクリートの耐用年数は一般的に、五十年といわれています。でも実際は流れている下水の水質や敷設されている環境によって長く使えるものもあれば、逆に十年や二十年で劣化している場所もあります。これは調査をしないと分からないのです」

そこで、下水道管の維持管理を専門として行う同社の役割がある。

二〇一二年七月、国土交通省は高度経済成長期に集中的に整備され、今後急速に老朽化することが見込まれているインフラについて、「社会資本整備審議会及び交通政策審議会に、『今後の社会資本の維持管理・更新のあり方について』の諮問がなされた」（※社会資本整備審議会・交通政策審議会技術分科会技術部会 社会資本メンテナンス戦略小委員会資料より引用）というが、その矢先の二〇一二年十二月、痛ましい事故が起きた。

中央自動車道笹子トンネルにおいて、コンクリート製の天井が崩落。トンネル内を走行していた複数の車に直撃し九人が死亡するという、トンネル事故として死者数最多となる大惨事だった。

この事故ではトンネルの老朽化と、杜撰《ずさん》な点検方法が指摘されたが、これを機に国交省は最重要課題として、インフラの総メンテナンスを掲げている。それは下水道管についても同様だ。

越智は言う。

「早く広範囲に現状を把握するのが喫緊の課題ですが、従来どおりの調査方法では、一日三百メートルが限界でした」

管清工業が二〇一六年に独自開発したＫＰＲＯ（ケープロ）という調査機械を使ったス

クリーニング技術では、八百メートルから千五百メートルの調査ができる。

二〇一八年、このKPRO技術は、「スクリーニング技術の開発による管路の迅速な点検」として、国土交通大臣賞「循環のみち下水道賞」アセットマネジメント部門を受賞した。

管清工業は下水道維持管理の現場で活躍する機材を独自開発し、その分野のフロントランナーとして業界を牽引している。経済成長に伴い「造る」一辺倒だった日本のインフラも、これからは「維持管理」がより重要なテーマとなるのだ。

未来を見た男たち

一九一五（大正四）年、のちに管清工業の初代社長となる長谷川正は、もともと僧侶で、宗教の勉強と見聞を広げるために、アメリカへ降り立った。世界は前年から第一次世界大戦に突入していたが、正がそれに翻弄されたというような記録は残っていない。

健司によると、宗教の勉強という名目でアメリカへ渡ったものの、現地でビジネスに目覚め、アメリカ製のカニ缶を日本に輸入したり、日本人学校を設立したりしていたそうだ。

健司の父（管清工業二代目社長）清は、アメリカで生まれた。

一九三五（昭和十）年に日本に帰国。知人の東京市（当時）役所の課長が役所を辞めて独立した際、正のアメリカで発揮されたビジネスセンスを見込んで、正に共同経営を持ち掛けた。それが「東京水洗工業」で、ここで技士や配管工の資格を取ったそうだ。これは二代目社長・長谷川清の記憶である（『下水道ビジネスの新発想』鶴蒔靖夫著）。

その後日本は、第二次世界大戦へ参戦、戦禍に陥った。敗戦後、日本にやってきた進駐軍は、当時の貴族や富豪たちの家を接収した。そこでは水洗トイレなどの配管のメンテナンスが必要だった。技術はもちろん、進駐軍と意思疎通のできる英語力もなければならない接収家屋の配管関係業務において、正に白羽の矢が立ち、しばらく通訳として活躍したという。

進駐軍が引き揚げたのち、正は一九五二（昭和二十七）年、下水道関連機材の輸入販売会社に役員として入社、その後、社長となる。当時の名前は藤原産業、のちに、日米産業、そしてカンツールと名称変更し現在に至っている。

正は、アメリカでの生活や日本での通訳の仕事などを通じて、これから下水道の維持管理に力を入れる時代が、日本にやってくるという未来を見た。アメリカやドイツから輸入した機材を、日本の規格に合うように改良を重ね、国産化に成功。同時に、「維持管理業務」の部門を拡大し、創立十年を機に、この部門を独立させる（管清工業）など、常に時代の先を見ていたのである。

正が会社経営に辣腕を振るっていたとき、長男の清は、明治乳業に勤務するサラリーマンだった。清は経理畑が長い切れ者だったが、過労がたたり結核を発症して手術後、入院生活を送っていた。

そんな矢先、思いもしなかった出来事が長谷川家を襲うことになる。

ある夜、正は事務所で鉢合わせになった暴漢に襲われ、突如帰らぬ人となったのである。それは同時に「会社員として平凡に暮らそうと思っていた」という息子の清にとって、経営者人生の始まりでもあった。それ以来、病気がちだった清が嘘のように結核の症状が改善し、元気を取り戻したという。

健司は、父・清のこんな言葉を思い出す。

「親父が俺の病気をもっていってくれたんだ」

清は会社員時代に培った視点で、着々と事業を拡大した。下水道の敷設拡大という時代の要請もあり、経営は順風満帆ではあったが、それに甘んじるつもりもなかった。常にチャレンジングスピリットを携え、経営に邁進していた。

一方、健司は大学で土木を専攻し、卒業。アメリカに渡った。語学習得後、カンツールの取引先である現地の下水道関連の企業に入社し、最新の技術を学んだ。「現場主義」を貫く管清工業だが、健司もアメリカでの現場の叩き上げなのだ。

三年間の「現場修業」を経て、アメリカで独立を果たし、二年が経った。業績も上がってきたその矢先、健司に一本の電話が入る。

それは、父・清からの帰国命令だった。これからだ、というときの帰国令に、当然健司は反発した。しかし、「管清工業のおかげで今のおまえがあるのだから、恩返しをしなさい」という父に返す言葉は見つからなかった。

こうして、健司は管清工業へ入社。一九八三年のことである。本社技術部からスタートし、さまざまな部署を経験した健司だが、父・清とは経営方針については意見の合わないことも多かったという。「ライバルは父」と公言していたほどだ。

副社長になった健司だったが、父との対立は社内に不穏な雰囲気を漂わせるに十分なものだったようだ。トップ二人が背を向け合っている状態では、社員が、社長と副社長のどちらを見て仕事をすればよいか分からない。そのような状況は、会社や社員のために良い影響を与えないと考えた健司は、自身の副社長からの降格を父に提案した。

「副社長から降格させてくれ」

その健司への父からの回答は、「社長への昇格」だった。

父は、健司の社員や会社に対する思いを感じ取っていたのだろう。

一九九八（平成十）年十月、長谷川健司は管清工業の三代目社長に就任した。

健司が社長に就任して二十年以上が過ぎた。

最近、ようやくこれまでを振り返り、未来を冷静に見据える時間が取れるようになったという。健司とともに育った仲間たちが重役クラスに名を連ね、彼らが育てた社員が新人を牽引するリーダーとして成長を続けている。会社も社員も成長を続けて業績は上り調子だが、その椅子に胡坐をかくつもりはない。

「創業者は事業基盤を作り、二代目は事業を拡大して会社組織を作る。三代目は、未来へつなぐため、企業としての組織づくりをする」

同族経営九十年の歴史をもつ企業の三代目社長がこう話していたことを思い出す。まさに管清工業も三代目の健司を先頭に、これから三百年続く企業を目指しているところだ。

下水道の五つの役割

私たちの生活から出る汚水は、何らかの設備や技術によって、浄化されて川や海に戻される。自然界に流せば勝手にきれいになってくれるという自浄作用が働くレベルは、とうの昔に超えている。

普段何気なく使っている水も、流している汚水も、それをメンテナンスしている人や管清工業のような企業があるからこそ蛇口をひねれば水を出せて、好きなときに汚れた水を流せるという「当たり前」が成り立っている。

私たちの暮らしのなかで、あまりにも「当たり前」の存在となっているため、普段は考えることもないだろうが、下水道には次のような役割がある。

(一) 街を清潔にする

下水道が敷設されて適切に管理されているから、私たちは安心して使った水を流すことができる。災害などで下水道管が破損し、水を流せなくなったらどうなるだろうか。トイレに用を足しても流せない。浴槽や料理で使った水が流せずに腐敗する。

当然、食中毒や病気の蔓延にもつながる。考えてみただけでも恐ろしい。

高度成長期が始まった頃、東京は「臭い街」だったといわれている。大気汚染で空気はよどみ、川や海も汚染されてあぶくが出ていた。もちろんそんな川に魚などいない。

筆者は隅田川で船に乗る水質調査の視察者たちが、鼻にハンカチを当てている古い写真を見たことがある。それほどまでの悪臭を放つ街、それが高度成長期の東京だった。

下水道管が張り巡らされたことで、今の清潔な街が維持されているのである。

(二)　降雨を川や海へ運び、浸水から守る

「うすい」と平仮名で書かれたマンホールの蓋を見たことのある方も多いだろう。「濃い薄い」のうすいではなく、「雨水《うすい》」と書く。住宅やビルなどに降り注いだ雨を、雨どいを用いて、雨水管へと誘導したり、道路に雨水が溜まらないように側溝に集めたりして、川や海へと流している。

近年の集中豪雨、ゲリラ豪雨ではその量に対応しきれなかったり、管が破損して、駅や街が浸水してしまうことがある。こうしたことがないようにするために、下水道管が常に健全に稼働するための点検保守が必要となる。下水道がなければ、水の逃げ場のないコン

クリートジャングルになった日本の都市部では、あっという間に洪水が起きてしまうだろう。

洪水は人の日常の生活はもちろん、時として命をも奪う。このような事態を極力避けるために、下水道は大きな役割を果たしている。

(三) 水質を改善し、環境を守る

下水処理場まで運ばれた汚水は、高い技術を使って川や海へ流せるまで浄化している(下水の高度処理)。活性汚泥という微生物がたくさん含まれた汚泥で、汚れを分解して浄化し、最終的には消毒をして一定の基準値を満たした水だけが海へ戻されている。

かつては美しかった東京の川も、高度経済成長と引き換えに水質汚染が深刻化し、魚の棲めない川になってしまったが、こうした下水道の普及と下水処理の進化で、昭和五十年代には魚が戻るようになった。水質汚染により中止されていた隅田川花火大会や屋形船、レガッタレースなども、復活している。

（四）処理水や施設の有効活用

近年、空港や商業施設、学校などで、汚水処理された水をトイレの水として再利用している例を見たことがある方もいるだろう。飲み水になるわけではないが、ある程度浄化された「中水」と呼ばれるこの水を積極的に活用し、限りある資源を利活用しようという取り組みは全国で広がっている。

処理水だけではない。地下にある下水処理施設の上をサッカーコートにしたり、武道館を建設したりして、公共の広場を創出している自治体もある。

また建物の上のスペースを利用した太陽光発電、下水道管を利用した光ファイバーケーブル網など、技術の進歩によってその利用度は増している。

（五）汚泥などの資源活用

昔、家々から出る糞尿は農家が回収していたという。農作物の肥料となるからだ。トイレは汲み取り式で、化学肥料が登場する前は有機肥料として人間や動物の糞尿を活用した。

次第に化学肥料が普及し、肥料として糞尿を回収する農家もなくなり、農家や畑そのものが減ってきた。さらには下水道の普及や水洗トイレの登場で、直接下水道管を通り、汚水として処理されるようになった。街には臭いが消えて家の中は清潔になった。

二〇一五年の下水道法改正では、下水道管理者に対し、下水汚泥の減量化に加え、発生した汚泥のエネルギー化・肥料化の努力義務が規定された。

これを受けて、現在、最新の技術を使ってかつてゴミとされたこの汚泥のさまざまな活用が進んでいる。肥料としての活用はもちろんのこと、レンガやタイルなどに加工されるようにもなった。さらにはこの汚泥を処理するときに出るガスも電力資源として活用している。

汚泥を肥料として処理し、その際に出る二酸化炭素をビニールハウスの中に吹き込んで育てる野菜は、植物の育成に必要な二酸化炭素濃度が高くなり、味が濃く、おいしくなるという。

二〇一九年時点での下水汚泥リサイクル率は、全国平均で七十五%である。百%を達成している都市がある一方で、京都市や石川県・兵庫県・奈良県・和歌山県などでは二十%台となっており、地域差も激しい。

五つの下水道の役割を挙げたが、私たちは「下水道」からさまざまな恩恵を受けている。

人間は便利さと引き換えに地球環境を壊し続けてきたが、技術を高め続けてきたことで、少しずつ環境に寄与するための活動を行うようにシフトしているのだ。

SDGsの先駆け

日本でもよく聞かれるようになったSDGsは、二〇一五年九月の国連サミットで採択され、二〇一六年から二〇三〇年の十五年間で達成するために掲げられた目標で、国連加盟一九三カ国が取り組んでいる。

正式には「持続可能な開発のための二〇三〇アジェンダ」という。十七の目標と、その目標を達成するために具体的に挙げた一六九のターゲットがある。

ちなみに、日本の達成率は、評価国一六二カ国中、十八位だという（二〇二一年）。

管清工業は、下水道の維持管理を行い、きれいな水の循環に寄与している。SDGsの目標の一つには「安全な水とトイレを世界中に：目標6」というものがあるが、これに六十年前から取り組んでいるということになる。

下水でいえば、四十二億人が安全に管理されたトイレを使えず、六億七千三百万人が屋外で排泄している。その近くで流れる河川の水を飲み水として使用している国もある。こうした環境は人間の生命を脅かす。汚れた水が原因で下痢になり、それによって年間三十万人もの乳幼児が亡くなっているというのが、世界の途上国の現状なのである。

管清工業では、SDGsで掲げられている目標のうち、「住み続けられるまちづくりを：目標11」「つくる責任　つかう責任：目標12」「気候変動に具体的な対策を：目標13」の三つに取り組んでいくと掲げているが、実は同社の業務は間接的なものも含めれば、より多くの目標をカバーしている。

例えば、「エネルギーをみんなに　そしてクリーンに：目標7」である。汚泥から出るガスは再生エネルギーとして活用できる。管清工業がエネルギー再生を行っているわけではないが、下水道の清掃・調査・補修をして、安全に下水処理場へ運ぶことができているからこそ可能なことでもある。

「産業と技術革新の基盤を作ろう：目標9」は、強靱なインフラ構築などに対する目標だが、下水道管の維持管理によって延命化や強度補強などが施されている。

「海の豊かさを守ろう：目標14」については、説明するまでもないだろう。下水道管の維持管理を行い続けることにより、水は浄化され海に戻される。

下水道管の劣化などで破損して、海へと汚水が流出し、海岸が立ち入り禁止になるという例は全国で見られるが、もしこれが常態化するようなことがあれば、河川や海の生物の生態系を壊してしまう。

高度成長期の日本のどぶ川やあぶくの浮いた海から、今の美しい川や海を取り戻せたのは下水道の普及による。もちろんゴミの投棄など、別の理由での海洋汚染は課題山積である。

ＳＤＧｓという言葉が誕生していない六十年前から安全に水を処理して自然に還し、街を清潔に保ち、地球環境を守り続けたという歴史は、管清工業の社員たちの誇りである。

第二章

業界のリーディングカンパニーたらしめたのは「ブルーオーシャン戦略」と「技術革新」

徹底した現場主義と自立のススメ

「現場の仕事は二つとして同じものはない、だから面白い」

管清工業の社員はそう口々に語る。管清工業創業十年目の一九七二年に入社した篠原廣明《しのはらひろあき》（現スワレント代表取締役社長）は、入社当時の日々の仕事の忙しさを苦笑いしながら振り返りつつも、「まるで下水道管が生き物であり、それに格闘しながら問題を解決する達成感のようなものが、常に現場にはあった」と笑った。

同社の特徴の一つが、徹底した「現場主義」である。現場に仕事を任せ、責任を与える。自分で考えたうえで、ゼロから一を生み出せという社内の風土こそが、同社の発展を支えているのだ。

現場運営は経営そのもの

一九七二年、当時二十三歳だった篠原は、十八歳で高校を卒業後就職したが、転職先を探していた。当時は今のような就職情報サイトなどはなく、新聞広告が就職情報の主な頼りどころだった。

「もともと機械いじりが好きでね、特段深い考えもなく、正社員で技術職という言葉に惹かれて面接に行きました。会社の業績は右肩上がりだったし、現場仕事が好きだったから」

車いじりが好きな篠原にとって、下水道管の清掃に使用する高圧洗浄車や給水車、強力吸引車、保安規制車など、当時の特殊車両の走りともいえる車種を見ているだけで胸が高まった。

当時、会社は二十人規模の零細企業だ。とにかく現場に赴き、下水道管を洗う日々だった。

日本では一九五八年に「都市環境の改善を図り、もって都市の健全な発達と公衆衛生の向上に寄与」することを目的とした新下水道法が制定されたが、一九七〇年の改正により「公共用水域の水質の保全に資する」ことにまで言及されるようになった。下水道の清掃は、国家としての共通の課題となったのである。

確かに鼻を劈《つんざ》くような異臭との戦いではあったが、日々忙し過ぎて、愚痴を言う暇もなかった。

目の前の仕事をこなすだけで精一杯なのは、現場の仕事は時間との勝負でもあるからだ。

その場にいる作業員たちが自分の咄嗟の判断で対応しなければ、住民が安心して水を使えるようにならないだけでなく、場合によっては事故につながる恐れさえある。

「当時の管清工業は超が付くほどの体育会系ですから、一日でも先に入社した人が先輩です。先輩たちは『背中を見て覚えろ』っていう感じだったけど、そこにはしっかりと義理や人情みたいなものがあって、僕ら後輩の面倒はよく見てくれましたよ。

仕事が終わったら、『お疲れ！　じゃあ、一杯』と、事務所のデスクの下から一升瓶が出てくる。若手は近くの酒屋に行って酒のつまみを買ってくる。そういう息抜きの時間がちゃんとあって、うまく若い人のガス抜きをしてくれました。それに、後輩を辞めさせずに育てて続いてくれれば、楽になるじゃないですか（笑）。

だから、絶対に一つひとつの現場を失敗できないっていう、そういう気持ちはありました。使命感っていったら、ちょっとかっこよすぎるかな。でも、先輩たちがしてくれたことを、自分が先輩になったら自然と後輩にしている。先輩に迷惑をかけられないから、絶対に時間内に終わらせる、絶対に成功させる。そういう気持ちをみんなもっていました。地球環境とか、ＳＤＧｓとかそもそも言葉すらなかったけれど、僕らが若い頃はそんな大それたことをいう社員はいなかったし、目の前の仕事に対する責任感は、人一倍強い人たちが集まっている。それが管清らしさかな、と思います」

と篠原は言う。

管清工業は創業当時から、現場の社員が自分の頭で考えて目の前の問題を解決しようという社風が根づいている。原価計算も現場の責任者が作るし、次の技術開発につなげるような提言をすることもある。篠原いわく「現場ごとに会社経営をしているイメージ」。それを比較的若いときから経験させてもらえることに、多くの社員は醍醐味を感じている。

「長谷川社長が社員にいつも言うことがある。『儲かったら、社員に還元する』と。そしてそのとおりにしてくれる。だから現場も頑張れるのです。現場に始まり、しっかりと現場に利益を還元してくれる。給与・賞与というだけでなく、入社五年目に研修があり、一週間かけてフランス・ドイツ・スイスへ行かせてもらいました」

篠原は入社十年後には大阪支店へ異動、課長となった。入社時に一億五千万円だった会社の売上も、十倍の十五億円になっていた。

目標を達成するにはどうすればいいか。現場も営業マンも、一緒になって考えるのが管清工業流だ。

「常に『お客様は何に困っている？』という疑問をもちながら、それぞれの現場が仕事に当たっていました。その先には、自分たちだからこそできる解決法があるのです」

社会や顧客の不便や不満の先に、会社経営や未来へのヒントがある。それを日々意識し社員同士問いかけながら、管清工業、そしてそこにいる社員たちは成長を続けている。

若いうちから仕事を任される喜び

会社が創業から間もない、規模が小さいというようないわゆる「ベンチャー」的企業であれば、若い頃から全体を俯瞰するような仕事をさせてもらえたり、責任をもたせてくれることが多い。篠原は入社時創業十年、社員数二十人という文字どおり「ベンチャー」だった管清工業に入社したわけだが、「現場主義・自立志向」はあれから五十年経った今でも、しっかりと社風として受け継がれている。

二〇一五年入社の池元優一《いけもとゆういち》（名古屋支店公共事業部工事課主任）は、当時二十二人いた同期のなかで、最も早く主任になった。創業から右肩上がりで成長を続けてきた管清工業は、この頃には社員数三百六十人、年商百億円の企業となっていた。「この仕事は何よりも達成感がある」と清々しい口調で、入社から現在までの六年の歳月を語ってくれた。

池元が入社したのは、日本に甚大な被害をもたらし、世界に大自然の脅威を見せつけた東日本大震災から、四年が経っていた頃だった。

当時十八歳の池元にとって、「世の中には常に不安が付きまとっている」という思いを初めて抱くに十分すぎる出来事——それが東日本大震災であった。

首都圏でも大きく揺れ、「いつもの地震」ではないことが分かった。図書館では蔵書が豪雨のごとく棚から大量に降り注ぎ、人々は家路につくのにも数時間歩かなければならなかった。愛する家族との連絡が取れずに、不安な夜を過ごした人も多かっただろう。しかしそれは、震災の被害の氷山の一角にしか過ぎなかった。

テレビをつければ、普段は癒しの景色となっているはずの海が人間に牙を剝いていた。人々が営んでいた「いつもの当たり前の日常」を、瞬く間に飲み込んだ。

その後、池元は大学の経営学科へ進学した。卒業後の進路を考え始めた池元は、「まず考えたのは、この不安定な社会で仕事をするにあたって、インフラ産業は安定的だから、そういう業界で働きたいということです。それと、自宅が本社に近かったから、という安易な動機もちょっと（笑）。でも、会社説明会へ行くと、そこで見たマンホールの中の世界がとても新鮮で、内定をもらってすぐに入社を決めました。自分は経営学科を出たのですが、現場への興味が出て、自ら希望を出しました」

今どきの若者というのを、いったい何歳くらいから指すのかは分からないが、入社十年未満の池元は、社会にとって若手であることは間違いないだろう。

生まれたときから便利で清潔な環境に囲まれ、何不自由なく暮らしてきた。大学では経営学を学んだ。そんな普通の若者が、３Ｋと呼ばれる下水道事業の現場を自ら希望した。入社から六年経った今、彼の心には熱い使命感が漲っている。

そのことに、筆者は軽い衝撃と深い感動を覚えた。確かになくてはならない仕事だとはいえ、実際にこのような社員たちが同社には何人もいることを知り、胸が熱くなるのである。

池元は東京か名古屋での勤務を希望した。それが叶い、現在も名古屋支店で業務に邁進している。管清工業は配属に際し、本人の希望を聞き、そして適性をしっかりと見極めている。入社四年目には、本社に機械の改造を提案し、実現することができたという。十キロメートルに渡る長い下水道管内の調査にあたっては、難しい仕事も成功させた。

「絶対にこの仕事を成功させなければならない。この仕事を終わらせなければいけない。手抜きは許されない。そういう強い意志をもって仕事に取り組んでいます。万が一失敗があっても、すぐに報告や相談をし、改善へとつなげる最善の努力をするということも、いつも意識しています」

管清工業では、「できない」という言葉はご法度だ。まずはやってみる。うまくいかなかったら、どうしたらいいのか考える。

「やって失敗したら次は三倍頑張ればいい」

社長の長谷川は常にこう語りかける。

「それでうちの社員は、本当に三倍の利益を取り戻してくれるのですよ」

経営者と社員のゆるぎない信頼関係が、チャレンジすることを恐れないマインドを育てている。それが、常にリーディングカンパニーであり続ける秘訣にもつながっている。

独特の「ブルーオーシャン戦略」

若者が育ち次の世代を担っていく。池元も二〇二〇年に部下をもつ主任になったばかりだ。部下や後輩たちが、今池元の背中を追いかけている。

そして池元もまた、先輩の背中を必死で追っている。チャレンジャーであり続ける社員たちが集まる同社は、ある意味でのブルーオーシャン戦略を執るともいえる。

前出の篠原は言う。

「うちは、製造会社ではないですから、機械を売って儲けるという仕事に完全にシフトするということは考えていません。

社員たちが下水道の現場に行く。そこでお客様の不満や困りごとを聞く。あるいは、自分たちの業務の効率化や、安全性を高めるために、試行錯誤して新しい機械や工法を考え出していくのです。既存のやり方に安住せず、常に新しい技術や新しい解決方法を探し求める。それが私たちにとってのブルーオーシャン戦略なのです」

管清工業は社員一人ひとりが現場のなかで得た経験と情報をもち寄り、試行錯誤を繰り返し、新しい市場を開拓している。

どの部署も、どうしたらもっと安全に、もっと正確に、もっと迅速に下水道の保守管理ができるのか。その一点だけに力を注ぐ。

経営コンサルタントの沖有人氏は、同業がしのぎを削るレッドオーシャンでもなく、常に未知の市場をつくり、いずれレッドオーシャンと化してしまうブルーオーシャンでもない、先駆者としての独自の立ち位置を保ち続ける経営戦略を「ブルーアイランド戦略」と名づけた。

この言葉を借りれば、管清工業の戦略は、誰とも戦わない道を探る、まさに「ブルーアイランド戦略」といえるのかもしれない。

技術革新の終わりなき旅

「うちは競争が苦手な会社です」

そう苦笑いしたのは、取締役技術部長の飯島達昭《いいじまたつあき》だ。まもなく入社四十年を迎えるベテランだ。

飯島が入社した昭和五十七年は、管清工業にとって「花の五十七年組」だ。この年、同社は初めて大卒での新卒社員を採用した。名古屋の大学で理工学部建築学科を出た飯島だが、大学のゼミの教授に猛烈に管清工業を勧められたのだという。

「初の大卒入社ですか？　入社してから聞いたので、特段期待されているとか、そんなふうに感じたことはなかったですね。学生時代は、ゼミで耐震設計をしていて、天井とかパイプをどう設計するかということをやっていました。上（地上）ばかり見ていたので、下（下水）にはまったく関心がなかったです。大学のゼミの教授がもともと名古屋市で下水道部長をしていた人で、『下水道の維持管理は大事な仕事で、今後絶対に伸びていくだろう』とよく言っていました。すぐに管清工業に決めました。就職活動も管清一本で活動していましたので、内定もすんなりでしたよ」

入社時に東京支店に配属され四年ほど公共工事を担当し、現場を渡り歩いた。その後技術課に配属され、以後三十五年間、技術畑を歩いてきたのである。

管清工業でいくつかのエポックメイキングな技術革新が行われるときには、必ず関わってきた。一九八九年に完成した大口径ビークルという船体式カメラ調査機の開発は、その最も象徴的な技術革新だった。

これまで従業員が目視で調査をしていた大口径下水道管路（直径八十センチメートル以上）だが、その作業には危険も伴う。有害ガスの発生や急な増水、ほんの一瞬の転倒や逃げ遅れで作業員が命を落とすというリスクもある。汚い、キツい、そして危険。まさに3Kの極みといえる。

そこで、管清工業はすでに小中口径下水道管路（直径二十〜六十センチメートル）で使用していたテレビカメラ技術を転用して、点検用ロボットを開発。従業員の安全を守りながら管路調査ができるようになった。

水量の多い管内では、これまで作業員は命綱をつけて体半分を水に浸しながら点検を行ってきた。気を抜けば一瞬にして足元を掬《すく》われる。さりとて、現場作業をおろそかにもできない。

一九八九年に「ビークル（船体式）」と名づけられたこの大口径管路調査機は、一九九四年に改良され「ビーバー（船体式）」と改称して、今も現場で活躍している。

この開発がベースとなり、管路調査機は、のちに土砂などが堆積した管路内でも走行可能な自走式「ビーバーキャディシステム」（二〇〇五年）、長距離管路にも対応できる高性能の「グランドビーバーシステム」（二〇〇七年）と、ラインナップを広げてきた。

一九八五年入社の執行役員生産技術部長・高田淳《たかだあつし》は、下水道管の中で九死に一生を得た社員の一人だ。

高田は専門学校を卒業後、「自宅から会社が近かった」ことを動機として同社に入社した。

入社して東京支店工事課（現在の東京本部公共事業部工事課）に配属。八年ほど勤務したあと、名古屋支店工事課に十数年、再び東京本部公共事業部工事課に戻り、本社の経営企画部（現・生産技術部）に異動になった。

現場仕事が長かった高田は、

「現場は本当にきつかったですね。一年のうち、三分の一は出張、三分の一は夜間、というときもありました」

入社して三年ほど経ち、ようやく仕事というものが分かってきた、と言う。出張を重ねてきた歳月も「日本中行かせてもらって、今思えばつらいことよりも、楽しいことのほうが多かった」と話す。

「さほど大義があるわけではない」と言いながらも、毎回現場が違うという面白さ、自分たちに仕事の進め方を任せてもらえるという醍醐味が、仕事を続けるモチベーションになっているという。淡々とした語り口からは「何事もなく順調に過ごして、執行役員まで上り詰めた」ように見えるが、実はそうではない。管清工業の社員たちは、私たちが避けて通るような道を、平然とした顔でやってのけてしまう人が多いのである。

東京支店工事課にいた八年ほどの歳月のなかで、事故は起きた。もうかれこれ二十年以上前のことである。

直径三メートルの下水道管の調査のため、新しいテレビ搭載の機械を試していたときだった。下水道管の中には両サイドに点検・作業用の通路がある。当時現場の責任者を務めていた高田は、向こう岸にいる仲間と足場となる橋を渡そうとしていた。しかし二人の息が合わず仲間とともに落下。下水の流れは思ったよりも速く、仲間もろとも流された。

幸い命綱のおかげで事なきを得たが、高田の脳裏には「死」という言葉も浮かんだ。

「あやうく新聞に載るところでした」

当時を思い返して苦笑いした。けれども、このような危険な目に遭ったからといって、会社を辞めようとは思わなかった。

しかし、この事故は、社内に大きな衝撃を与えた。調査ロボットの開発はこのときを境に重要なテーマの一つとなった。一九九〇年代半ばからさまざまな調査ロボットの開発が進められたのは、この事故がきっかけだったのだ。

「どの現場も状況は異なるし、人のミスはあり得る」

長く現場を渡り歩いたからこそ、その醍醐味と同時に、安全に対する冷静な視点も欠かさない。少しでも油断をすれば、やがて大きな事故につながるという危機感を、高田を含め社員のすべてが共有している。

作業員たちは当たり前に使っている水、当たり前に流している汚水、それらの適正な循環のために、危険を顧みずに仕事を全うしている。しかし、命の安全は何よりも優先されなければならないはずだ。管清工業の技術革新は、社員や同業他社の作業員たちの命を守るための戦いの歴史でもある。

より安全に、より的確に、どんなところでも対応できる機械を開発し続けている。

取締役技術部長の飯島達昭は、社内では「技術革新に飯島あり」という評判だが、当の本人はさらりとしている。

「特に支えてきたという意識はないけど、作ったものが売れ、現場で活用されて、会社の利益に寄与できたらうれしいですよね。まあその繰り返しです」

技術革新という言葉を聞けば、その激しい競争のなかでトップランナーであり続けてきたのだろうと思いきやそうではない、と言う。

むしろ他社と競合しないために、独自の技術開発をしてきた結果、管清工業は常に技術の面でもパイオニアであり続けているということらしい。競争の激しいレッドオーシャンでしのぎを削るのではなく、誰もが考えなかったような新しいアイデアで業務を推進してきたという篠原の話とピタリと符合する。

時代の要請にその時機に合った新しい技術を次々と開発する原動力は何なのか。

「一つはもちろん、現場が必要としている機械を開発していくということ。答えは現場にあり、です。そしてお客様が、どのような不満や不便を感じているのか、どうあってほしいのかということを見つけていくこと。これは営業の大事な仕事でもあります」

つまり、競合他社を打ち負かすために技術を磨くのではなく、自社の社員たちがお客様にもっと寄り添えるように、技術を磨いているのだ。

管清工業は顧客と厚い信頼関係で結ばれている。それはもちろん、これまでの誠実で的確な仕事の蓄積の賜物であることはいうまでもない。

ニーズは生み出すもの

飯島は言う。

「一方で、ニーズは見つけるだけでなくつくるものです」

「管清工業は、自分たちの仕事で使えるものを細々と開発し、実業に活かしてきました。その結果、同業他社でも欲しいということになり、機械自体も売れるわけです。機械は購入したけど、結局うまく操作する人間がいない、ということで、そのマシンを熟知しているわが社に仕事が回ってくる、ということも往々にしてあります。

現場は日々の仕事を積み重ねながら、今後はこういうものが必要になってくるな、こういう仕事が求められてくるなという予測を立てます。それを技術開発の部隊が実現化する。

もともとある不満や不便を解消するだけでなく、先を見据えて、今後必要になるであろうモノやサービスに備えるという姿勢の連続です」

徹底した現場志向で数々の現場を熟知しているからこそ、どのような機械、点検や清掃の方法が必要か、幅広く提案できる。

これまで技術開発を牽引してきた飯島だが、実績に驕らず、危機感も抱いている。

「これからも他社に先んじた技術開発ができるか」

若い社員たちには「ゼロから一を作るという思想をもってほしい」と発破を掛ける。

部下がやりたい、と思うことはなるべくやらせてあげたいという。

「やる気がある社員や、豊かな発想を摘み取る理由なんて一つもないですよ」

フロントランナーであり続ける会社の成長についていくため、さらには牽引する立場へと成長するために、社員一人ひとりが学び続けなければいけない。

一歩先を見る目は自分に備わっているか。

思いもよらないスピードで変化を続ける現代の世で「ニーズをつくる」という先取の気鋭をもち続けることが、社員個人にとっても会社にとっても大切だと語った。

時代の風をつかむコツ

管清工業の歴史をたどると、時代の流れにうまく乗ってここまで来たように見える。

ここに、管清工業の生き字引ともいえる人物がいる。

現在、管清工業で監査役を務める鈴木《すずき》敦雄《あつお》だ。こじゃれたハンチング帽の似合う、紳士の風情だ。

創業家の長谷川家三代に仕えた鈴木は一九六〇（昭和三十五）年に、藤原産業株式会社（のちのカンツール）に入社した。

鈴木の父はカンツール創業者・長谷川正と親戚関係である。その縁で、高校を卒業してすぐにアルバイトとしてカンツールで働くようになった。社員としての入社はその一年後である。

「親戚だというので、工事のアルバイトを引き受けましたが、現場では一番下っ端の自分が、一番汚れる仕事をしないといけない。特にグリースピットという油脂の堆積した臭いは、臭くて吐き気のする、一番嫌な仕事でしたね」

当時を懐かしむように笑顔で語ってくれた。嫌だ嫌だ、と言いながらも、会社から頼まれれば、当時住んでいた鎌倉から東京まで駆け付けた。

当時のカンツールは、主にアメリカから排水管清掃機械器具の輸入販売を行っていた。この機械を売るためには、納品テストなどもするため、鈴木もいくつもの機械の操作を覚えた。

併せて同社は下水管、排水管の清掃請負業務を行っており、アルバイト時代の鈴木はこの現場で、いわく「一番嫌いな臭い仕事」を任されていたのである。

もちろん、この小さな使命感を抱いた十八歳の青年が、のちに同社の社長を務めることになろうとは、本人はおろか、ほかの誰もが想像だにしなかっただろう。

親戚だからとアルバイトで入った少年が汗水たらして糞尿をかき分けた。誰もが嫌がる仕事を手始めに、長い会社の歴史を眺めてきた。そして今も、監査役として管清工業の歴史に名前を刻み続けている。こうした一人ひとりの物語が、企業にはしっかりと刻まれている。

会社には、人の生き様や感情が詰まっている。そこで学び、成長し、教え教わり、人としての情愛を育む。だからこそ、会社は「良い状態で」永続させなければいけないのである。鈴木の半生は、そんな当たり前のようでいて忘れがちな大切なことを思い起こさせていくれた。

管清工業は、当初カンツールに入ってくる仕事を請け負う形で事業をスタートさせた。鈴木はこのときスタートアップメンバーとしてカンツールから管清工業へ移籍。たった四人の社員での出発だった。

二年後の一九六四年に開催された東京オリンピックのレガシーといえば、一つは下水道の整備が急ピッチに進んだことだろう。

なにしろ、世界中からお客さんが日本にやってくるのだ。敗戦から立ち直ったたくましい日本、歴史に裏づけされ、さらに近代的な美しさを共存させた日本の姿を見てもらいたいと願うのは、国民として当然の願いである。

これにより糞尿の臭いを市中にまき散らすバキュームカーを減らし、汚泥に溢れる河川の水質改善をしよう、と、インフラや環境の整備への関心が、国民の間でもようやく高まり始めた。

下水道の清掃機具を販売するカンツールはもちろん、その機械を使って実際に維持管理をする管清工業にとっても大きな追い風となった。

「北は北海道の旭川から、南は福岡の飯塚まで日本各地を行脚しました」

前例のない仕事を請け負うフロントランナーゆえ、右肩上がりに増える受注に、管清工業の社員たちは、自分で工夫してやり方を覚え、精度を高めていった。

多くの社員がいうように、現場ごとに環境や状況の異なる下水道の対処の仕方は一律ではなく、前出の篠原いわく「生き物に対峙するように」その場の迅速かつ的確な判断で処理されなければならなかった。

鈴木は述懐する。

「管が詰まったと連絡をもらい現場に行くと、頭のなかでシミュレーションを行います。簡単にいえば空想です（笑）。僕らは職人のようなものですから、詰まっていたものが通るとうれしくてね。『今まで流れていたのだから、必ず通るはずだ』という強い信念というか、絶対に通してから帰るという使命感を、どんな現場でももってやっていました」

高い技術を身につけていたからこそつかめる風がある。

その風をつかむコツがあるとすれば単なる「ラッキー」を待つのではなく、風が吹いていないときでも誰も見ていないような場面でも、しっかりと能力を高め続けるということだ。

稀代の経営者との共通点

高級住宅街、住宅ローン、ターミナル駅上のデパート、女性だけの歌劇団、電車の釣り広告……。一見何のつながりもないような言葉の羅列だが、二つの特徴がある。

一つは、誕生した当時日本では画期的な事業で後続の同業他社の模範となったこと。二つ目は、これらはすべて、一人の人物が創出した事業であるということだ。

この人物は阪急東宝グループ創始者の小林一三《いちぞう》である。東急電鉄も西武鉄道も、すべて小林モデルを踏襲した。東急電鉄の創業者五島慶太は小林を師匠と仰ぎ、小林も自社のノウハウを惜しむことなく五島に伝授した。現代日本の電鉄を中心とした都市構造は、小林のアイデアなしにはなかっただろう。今の私たちが享受しているライフスタイルは、小林一三がつくり上げたといっても過言ではない。

小林一三を稀代の経営者たらしめたのは、ほかの人が思いもよらないアイデアを次々と提案し続けたからである。その原点は「客がいないなら、つくればいい」という発想だった。

そこから高級住宅街ができ、住宅ローンができ、宝塚歌劇団が生まれたのである。まさに、取締役技術部長・飯島達昭が語っていたように、「ニーズはつくるもの」という発想だ。

すでにある世の中のニーズを探るだけでは、先を見たことにはならない。さりとて、社会全体が想像できないような壮大な未来を語っても、理解はしてくれないだろう。社会や顧客が、今後必要になってくると思われる、ほんの少し先の願望、その微妙な塩梅をとらえることができるかが、事業成功の秘訣に思えてくる。

管清工業はこうした「少し先」の未来をとらえてきた。このままでいけば、間もなく管路は寿命を迎えてしまう。下水道管をすべて新しいものに変えることは現実的ではない。維持管理こそが、今できる最も効率的な延命治療である。それに行政だけで対応するのは難しいだろう、と。

同社の訴えに呼応するように、国土交通省は二〇〇八年頃から下水道の長寿命化を支援する制度を開始、現在は改称をし「ストックマネジメント支援制度」として運用されている。官民連携の包括的民間委託事業も当初は処理施設から始まり、のちに管路事業にも広がった。

一九八一年に管清工業に入社し、現在専務取締役として経営にあたる伊藤岩雄《いとういわお》はその歴史を間近で見てきた。

ストックマネジメント支援制度においては、一日八百メートル以上の点検が可能な同社オリジナルの調査機器、ＫＰＲＯ（ケープロ）が活躍している。データの活用においては、同社の六十年の歴史が蓄積された「カンパック」の存在が大きい。

いずれも「先を見た」同社が独自で開発してきたものだ。

国土交通省が、「新技術の研究開発及び実用化を加速することにより、下水道事業におけるライフサイクルコストの低減と投資の最適化を実現するため（※国交省ＨＰより）」に行っている「下水道革新的技術実証事業（Ｂ‐ＤＡＳＨプロジェクト）」のガイドラインにも、同社の手掛けた「管口カメラ点検と展開広角カメラ調査及びプロファイリング技術を用いた効率的管渠マネジメントシステムの実証事業」が事例として掲載されている。

国のガイドラインに実証事例として載るということは、公に業界のトップランナーであることを示されたようなものである。

「わが社は管路メンテナンスの重要性を、いつも先んじて訴え続けてきました。行政だけでなく、同業者にも呼び掛けてマンホールの更生施工技術を普及・推進するために工法協会を設立するなど、創業以来、業界全体の一体感をつくり、業界のプレゼンスの向上に尽力してきました。こうして発言力を高めたことで、国の政策に一石を投じることができたのかもしれません」

少し横道に逸れるが、自社を「ディスり」、茶目っ気たっぷりなのは小林一三だけでなく、現社長の長谷川健司も同様である。

筆者が取材で社長室を訪れたとき「あるもの」が目に入った。その姿を見て、長谷川はニヤッと笑った。

「これいいでしょ」

パステルカラーの小さなおもちゃ。色違いで数色あるが、よく見ると水洗トイレの形をした消しゴムである。精巧に再現された蓋を開けると、ご丁寧に茶色い排泄物がお行儀よく佇んでいるのである。子どもたちへの下水道の仕組みを知ってもらう啓発活動でのプレゼントにしているそうだ。

普段は切れ者の経営者には違いないだろうが、こんなチャーミングな一コマが「パイオニアにしてトップランナー」という気負いを感じさせない同社の社風に一役買っているのかもしれない。

「任せて任せず」の人材活用術

謙虚で穏やかな社員が多いというのが管清工業の特徴の一つだが、専務の伊藤自身も会社の成長へ大きな役割を果たした功労者の一人であるにもかかわらず、「分かる人に分かってもらえて、『ありがとう』と言ってもらえれば、それで満足」

と言って笑う。

営業職からスタートし、その後は技術畑を歩いてきた。広島、横浜、広島、九州と渡り、二度目の広島で居を構えたとたんに、九州営業所転勤を言い渡される。

「家を買ったら転勤、というわが社のジンクスどおりになりましたね（笑）」

横浜で係長を務めていた頃の上司は現社長の長谷川健司である。

数々の会社の技術革新や躍進の現場をその目で見てきた伊藤だったが、伊藤自身のターニングポイントは、二〇〇四年、横浜で技術部長をしていたときだ。

一九九〇年代初頭、会社は中長期計画を策定し、先を見ながら経営をしていくという方針に舵を切った。

当時はベテランの経営陣たちが計画書を策定していたというが、技術部長として会議に参加するようになり、その分厚い計画書を見ながら自分で作ってみたいという思いに駆られるようになった。

気がつけば、伊藤は社長に直談判していた。

「自分たち若手にやらせてください」

社長の回答は、いつものように簡潔だ。

「そんなにやってみたいなら、やってみろ」

会社の舵取りを左右する中長期計画を任せきる社長の胆力あればこその展開だが、やりたいと思った人にやらせるという姿勢は、もはや同社の社風といってもいいだろう。

「技術部長としてグランドビーバーの開発に関わったときも、社長は『五億儲けると約束したら許可する』と、言ってくれました。もっとも、『やらない失敗よりもやった失敗のほうが、価値がある』と言って、すぐに結果を追求しないところがうちの社長の懐の大きいところです」

こうした社長のマインドを伊藤も分かっていたのだろう。中長期計画策定メンバーとして手を挙げることに、躊躇はなかったようだ。

「二〇〇四年に手を挙げて、仲間を募って有楽町の会議室に集まりました。時には首脳部への愚痴を言いながらね（笑）」

三年後の二〇〇七年へ向けた計画書だったため、「プラン〇〇七」と名づけた。ビジョンを明確にし、もっと分かりやすく、誰もが「これならできそう、やってみよう」と思えるようなものは作れないか。

時に社外の顧問のアドバイスを受けながら、若手社員たちの侃々諤々の議論は続いた。経営の勉強をし、それぞれの得意分野をもつ先輩や仲間と知恵を絞り、高め合った日々は、伊藤の会社員生活のなかで大きなターニングポイントとなった。

結果、伊藤らが策定した「プラン〇〇七」は社長に高く評価された。現在経営方針に掲げられている「4S」も、このときに伊藤たちが提唱した「3S」の発展形だ。「任せる」ことと、最後は経営者が責任をもつということ、そして細かく口出しはせずとも、見守りを忘れないことの重要性を説いたが、それを自然に行うことができているのだろう。

そうして鍛えられた社員たちが今幹部となり、また新しい幹部の育成に取り組んでいる。

失敗から始まったターニングポイント

「花の五十七年組」である飯島達昭と同期の鈴木英一《すずきえいいち》は、現在取締役DX推進担当を務める。飯島と同様、管清工業初の大卒社員であった。飯島と同じ大学の同じゼミ生だったという鈴木。教授から猛烈な推薦を受けて同社に入社したといういきさつまで同じである。

鈴木が入社した一九八二（昭和五十七）年当時、下水道の全国の普及率は三十～三十五%程度だった。一九六四年東京オリンピックを機に敷設が急がれた下水道だが、下水道の維持管理を行う企業はそう多くはなく、技術革新も途上だったことから、現場の作業員たちは多忙を極めていた。

これまでは部分的にしか修繕できなかった管路メンテナンスだったが、マンホールからマンホールまでの管を更生できる「ホースライニング工法」を芦森工業と共同して下水道仕様に改良した。難易度の高いメンテナンスが可能になり、強度も復元される画期的な工法として注目された。

しかし、これは使用する樹脂が五～十時間で固まってしまうという特徴があったため、会社でホースに樹脂を塗布する前作業をしてから、規定時間内に工事を完了させなければいけないという時間との闘いだった。

管清工業の経営方針に「安全に、簡単に、迅速に、確実に」という4Sが掲げられているが、現場を務める彼らからすればこれは目標ではなく、必達項目でもある。

この新しい工法を導入するにあたってのプロジェクトチームの一員となったのが、当時入社四年目の若手社員、鈴木英一である。東京、名古屋、大阪から集められたプロジェクトメンバーだったが、稼働するまで精神的にも試されるものであった。
「周りからは、新しいプロジェクトに選ばれたということで、羨ましがられました。確かに大変でしたけど、任されたからには、そのチャンスを活かしていこう、と常に前向きでした」

しかし、当初そのプロジェクトは失敗に終わる。
「四百万円を無駄にして、プロジェクトチームを見る目は厳しくなっていました。その後、一千五百万円を投じたプロジェクトも出来が悪く、頭を下げた経験もあります」

このプロジェクトが軌道に乗るまで、足掛け五年も費やした。
「それでも、やりたいと手を挙げたことをやらせてくれる。それがこの会社のすばらしいところ。一度や二度の失敗でそのプロジェクトを辞めさせたりはしないんです」

結果として、このプロジェクトの成功が、管清工業が大きく飛躍するきっかけとなった。社員を信じ、成功するまで任せきるという土壌がなければ、この飛躍はなかったはずだ。

一九九一（平成三）年になると、ドイツのカナルミュラー社より特許を取得した「オールライナー工法」を導入。この開発は十年先輩である篠原廣明が指揮を執った。

現在でも下水道管の更生工法として採用されている画期的な技術であるが、社員の負担も軽減され、管清工業の3Kの「キツイ」仕事度合いも、こうして少しずつ改善されていったのである。

「できない」という言葉はない

同社の発展の理由の一つが、「現場経験で培われた技術と提案力」である。

六十年の歴史のなかで、独自の機械を作り続け、オリジナルな工法を編み出し、「管清さんに通せない管はない」と言わしめるほどになった。なぜそれが可能だったかと言えば、現場から吸い上げられてきた数々の経験値の賜物だといえるだろう。これまで何度も説明してきたとおりである。

理屈では通らないかもしれない管を、いくつも通してきた。独自の機械を現場に即した形に変容させ、変革を重ねてきた。理論上の「できない」はあるかもしれないが、管清工業に「できない」という言葉はないのである。だから、直接現場を見てから、その現場に最適な手法、技術を提案することを重視している。それは単なる意地とはいえないだろう。

初の大卒採用「花の五十七年組」四人のうちの一人で、現在取締役管理本部長を務める鈴木正二《すずきまさじ》もこうした自社の立ち位置を守る重要性を痛切に感じている一人だ。

鈴木は全国展開している管清工業の「転勤の洗礼」を最も受けてきた一人でもある。東京支店工事課からスタートし、神奈川、青梅、東京、大阪、同業他社へ出向、そして東京本部、本社と渡り歩いてきた。さらには「日本全国」を飛び越え、同社が所属している公益社団法人日本下水道管路管理業協会からＪＩＣＡへの出向で、南米ホンジュラスでも活躍した。計十五回もの転勤を経験したというから驚きだ。

鈴木が入社した当時は、まだ国家事業としても下水道の敷設がメインで、清掃や維持管理という仕事はまだ重要視されていなかった。

「入社二年目でまだまだ仕事に慣れていない時期でしたが、一人で東北の現場に責任者として出張に行かされたことがあるんですが、その時の下請け会社の作業員の人たちが、まだ仕事のことをあまり知らなかった私に現場のことを親切に教えてくれるんです」

すべてを新しい下水道管に取り換えるのは、時間的にも費用的にも現実的ではない。けれどもしっかりと調査し必要なところを直してあげれば、まだまだ管の寿命は延びる。幾度となく行政にも訴え続けてきたことだ。

人が住まなくなった家は朽ちるのが早いが、人が住み続けメンテナンスを施せば、百年以上も生き続ける。下水道管とて同じことである。

「かつてお世話になった職人さんたちがいたような、地元の企業を大切にして、この事業をやっていくことが、結局は業界全体の底上げにもなります。

だから当社が受注した案件を地元の企業とともに仕事をするというスタンスが大事です」

「いつでも、どこでも」に応えるインフラ産業の矜持

下水道をはじめ、さまざまな公共事業の民営化については、たびたび会議の俎上《そじょう》に上ってきた。国の財政赤字が膨らんでいくなかで、ますますその議論は重要なアジェンダになるだろう。

もちろん、行政の管轄事業だからといって安心もできない。二〇〇七年の北海道夕張市の財政破綻を覚えている方も多いだろう。夕張市は、財政破綻後、水道料金は以前の一・七倍にもなり、額で見れば東京二十三区の倍、という現実がある。

だからこそ大樹に寄りかかって安心するのではなく、自らが取引先を選び、自らの意志で仕事を請け負うというスピリットが大切だ。そしてその胸には「地域の企業と共存共栄を図る」という管清工業伝統の考えを携えている。

十五回もの転勤を経験した鈴木だが、心掛けていることがある。

「社長に行けと言われたら、行った先で、必ず新しいことをしなければいけない」

具体的にその方法論を聞いた。すると一年目、現状を把握する。二年目、改善を少しずつ提案する。三年目、自分のやり方を広げる。こうして改善と革新の旅を続けていくフロンティア精神旺盛な社員が日本各地の支店を巡る。気がつけば、会社は常にフロントランナーであり続けることができる、というわけだ。

監査役の鈴木敦雄や取締役の鈴木正二が全国行脚をしたことから分かるように、業界をリードし続ける管清工業の拠点は、全国にある。業界で名の知れた企業であれば珍しくもないと思いがちだが、下水道管理の会社で全国展開をするのは、同社よりほかにない。小笠原諸島にもその拠点があるというから驚きだ。

まさに唯一無二の存在といえる。

全国に散らばる民間企業が行政からの依頼を受けてその維持管理を行っている。全国の人々の「水とともに生きる暮らし」を高水準で維持するには、高度な技術や機材をもつ自分たちが全国に散らばっているほうがいい。そこで地域の企業と協力し、ともに人々の暮らしを守るというスタンスを貫いている。

第三章

戦略と技術を支えるのは社員――
知られざるエッセンシャルワーカーたちの矜持

「ありがとう」の連鎖

会社の黎明期、昭和の日本では下水道の清掃業務は、地域の住民から直接感謝される仕事だった。まだ人と人との距離が近い時代。工事現場を通れば挨拶をしてくれるし、寒い日には缶コーヒーを持ってきてくれる人もいた。

「お疲れさま」

「ありがとう」

街ゆく人から掛けられる何気ない一言が、社員たちの心を温め、その胸のなかに、誇りを育んでくれた。

「お客さんからお年玉をもらったこともありましたよ。そういう時代でしたね」

つらいつらいと仕事をする毎日も、大変な仕事のなかにも楽しみや喜びを見つける毎日も、時は同じように過ぎていく。時間というものは、個人の感情とともに立ち止まってくれたり、速度を速めてくれたりはしない。

同じ仕事をしても「ああ今日もつらくてつまらなかった」と思う人もいれば「大変だっ

たけれども、達成感があった」「近所の人にお礼を言われてうれしかった」と感じる毎日を送る人もいる。

どちらが幸せな人生かと、答えを問うまでもないだろう。

「一時つらい時期があっても、仕事が分かってくれば、必ず続けてよかったと思える日が来る」

インタビューをした社員の多くが口にした。そのつらい時期に、自分たちで仕事に楽しみや喜びを見つけ、時には仲間との励まし合いで乗り越えてきた人たちだ。

思い起こせば、かつて「ありがとう」と言われた思い出が、しっかりと心のなかに鎮座している。その「火」があるからこそ、何度でも踏みとどまり、彼らは仕事を続けてきた。

「ありがとう」の言葉は無敵なのである。

感謝される仕事がここにある

「仕事を通して人に喜んでもらえる、ということが、実現できる会社です」

そう胸を張るのは、入社二十八年目の大向寿史《おおむかいひさし》だ。逆にいえば、この現代はそれを実現することが難しい社会になってしまったということか。本来、人は、他者の役に立ち、それを喜んでもらいたいと願っている生き物だからこそ、それを実感できる仕事場を探し求めているのだろう。

その彼は現在、東京本部公共事業部工事課の課長として勤務している。

さらに、大向は災害の際に公益社団法人日本下水道管路管理業協会（管路協）をまとめる役も果たしており、管路協会災害責任者という肩書をもっている。

そんな彼の仕事に対する使命感は誰もが一目置くが、入社当時はそれほど強い思いはなかったという。

高校を卒業したら就職しようと考えていた大向に教師が紹介してくれたのが同社だったという。

「本当は、飲食店でバイトをしていて、そのまま就職するつもりでした。でも、先生から『稼げるし、安定している会社だから受けてみたら』と言われて受験しました」

それともう一つ、彼がバイト先への就職を躊躇し、同社を選んだ大きな理由があった。

東京に恋い焦がれた少年が、地元横浜のアルバイト先で働くよりも、東京に独身寮のある会社を選んだのは、若気の至りと断じるわけにもいかないだろう。

人生の分岐点とは、振り返って初めて気づくものであり、それが多くの人にとっては、取るに足らないほんの小さな出来事であったりするものだ。

小説に語られるような九死に一生を得た出来事や、魂が震えるような体験ばかりが人生の分水嶺ではない。

「東京で働きたい」という思いは、大向にとって、管清工業への入社に反対する父を説得するに余りある動機だった。

「そんな汚い仕事じゃなくて、アルバイト先の焼き肉屋に就職したらどうだ？」

父は言った。建設業に従事していた父にとって、地上（建築物）と地下の世界では、大きな隔たりがあった。簡単にいえば、この業界に良いイメージをもっていなかったのだろう。

結局、大向の強い意志に負け、入社を認めてくれた。親心で反対したが、子どもの意思を尊重するのもまた親心というものだ。

晴れて管清工業に入社し、人事部人事課で三年間勤務したが、ちょうどその頃、現場に興味を抱いた。当時住んでいた横浜の自宅の近くで「ホースライニング工法」で施工している現場があったという。その現場へ向かうという先輩が「家の近くまで行くから乗っていけば」と、自宅近くまで反転機車で送り届けてくれた。

これまでも独身寮では、現場で働く社員たちの話を聞いてはいたが、体力に自信がなかった大向は、特に関心も寄せないでいた。しかし先輩からあの車両に乗せてもらったときに言われた「力仕事は人間じゃなくて、ほとんど機械がやる時代だよ」という言葉が、自信のなさに勇気を与えてくれた。

晴れて現場に配属になったのは三年目の五月。四人一班で二十四時間体制をとり、下水道の詰まり事故が発生した場合に緊急出動して処理をする作業だった。

何もかもが新鮮だった現場一年目が過ぎた。マンホールの中の世界はとりわけ面白かった。けれども二年目、現場から降ろされ、報告書を書く書類係に任命される。その後、本社に異動となった。二年ほど本社で勤務したのち、現在の東京本部公共事業部工事課へ配属となる。

現場の楽しさを味わった大向が次に味わったのは「貢献したい気持ち」だった。きっかけは、二〇〇四年の中越地震だ。

このとき、大向は作業班として現地へ向かい、テレビカメラ調査、清掃作業を行った。三週間にわたり滞在した被災地での経験は、今の大向を被災地へと向かわせる大きな原動力となっている。

大向が入社して一〜二年経った頃、阪神淡路大震災が発生した。一九九五年のことだ。震災時は、正月が明け、成人式が終わってすぐだった。都内へ出ていた若者も、成人式のために故郷の神戸や大阪へ帰っていた。別の故郷から、大学進学のために、この地域で耐震強度の低いアパートに住んでいた若者たちもいた。

この震災は、それら多くの若者の未来を奪った。

大向はそのとき、成すすべもなくテレビの前に立ち尽くしていた。現場仕事の先輩たちは、被災地に駆け付け、懸命に復旧活動を支援していた。事務職だった自分は、東京で仕事をすることしかできなかったのである。

忸怩《じくじ》たる思いだった。

二〇〇四年の中越地震が起きたとき、今度こそは現場に駆け付けたいと思った。それから十年も経たずに、二〇一一年、未曽有の大地震といわれた東日本大震災が起きた。

東日本大震災の際、大向は管清工業も参加している管路協会関東支部の災害支援業務の責任者となった。被災地の前線基地の指揮を執る役割だ。

「阪神淡路大震災で災害支援に参加できなかったこともあり、どうしてもその仕事に携わりたいと思ってきました。自分の技術を使って、被災地を支援し、役に立ちたいという思いは強かったです」

まずは水戸市へ派遣された。同業者とともに六〜八班に分かれて三週間にわたり、復興のための工事を担う。陣頭指揮を執るのは大向だ。その後、大向は仙台市へ派遣。半年ほど現地で業務に当たった。派遣先で見たのは、液状化している街の状況で普段、アスファルトに埋まっているはずのマンホールがむき出しになっていた。

初めて見る光景だった。

「仕事をしていると、仙台の人たちからたくさんの感謝の言葉をいただきました。でも、その感謝の言葉をいただき、力をもらったのは私のほうです。感謝の気持ちが、どれだけ仕事への励みになったか」

日常のありがたさを知る

この経験は、大向の人生観をがらりと変えた。当たり前にある日常が、実は決して当たり前でないということ。誰もが安全に暮らせる社会は、奇跡の連続、そして努力の積み重ねで成り立っていること。そして、自分たちの仕事がもつ、重要性だ。

「水戸で液状化を見て、こんな光景は見たことがないと驚きましたが、その後仙台に入ったときには、それとは比にならないほどのショックを受けました。津波で根こそぎ地域そのものがなくなっているという現実は、目を覆いたくなるものでした」

管清工業は、被災地支援にも積極的である。ライフラインを守る仕事であるから、当然といえば当然なのかもしれないが、被災地の「当たり前の生活」を取り戻すことは簡単ではない。

それでも、社員たちは率先して現場へ駆け付ける。

「同じような経験、もっと大変な現場を経験している社員は、うちの会社にはたくさんいます」

例えば、日本にある「里山」は勝手にできた風景ではない。人が自然界と共存するために、「努力して築き上げた」緩衝地帯である。人の手によって整備されてこそ、初めてその平和的な光景が維持されている。当たり前に見える「田舎の景色」だって、決して当たり前ではない。

近代文明の賜物であるインフラであればなおさら、人の手によって作られ、人の手によって整備されているからこそ維持できる。蛇口をひねれば水が出てくるのも、安心して水を流せるのも、多くの人の手によるたゆまぬ努力の結晶といっても過言ではない。

それを身をもって実感している大向は、今後の人材育成が自らの課題だと語る。現場に携わる人材には、確かに合う、合わないという相性もある。それはどの部署もどの仕事も同じだろうが、現場で何が起きているかを全社員が知る必要はあるだろう。

技術の継承も重要な課題だ。当然のことながら、社員のなかには本書に登場する社員のような愛社精神のある者だけでなく、六、七年で辞めてしまう人も多いと嘆く。大向にいわせれば、この頃が仕事の醍醐味を知り、次のステップへと行く分岐点なのだが、その直前で自分より若い社員たちが辞めていくという現実がある。技術の熟練者が育たないことを憂いているのである。

協力会社への指導、専門家が育ちにくいこと、未来の管清工業を背負って立つ世代の大向には、悩みの種は尽きない。この現状を働き盛りで未来の幹部になるこの世代が、どう打開していくのか。自問自答しながらも、最後にはやはり、胸を張って言い切る。

「この仕事は、親にも胸を張って言える仕事です。そして自分の子どもにも、美しい地球の未来を守る仕事だと、胸を張れます」

父は、災害支援の前線に立つ息子の姿を見て目を細めた。業界誌に、大向が載ったのである。自分を心配してくれたからこそ、この業界に飛び込むことを反対した父。晩年はその活躍を褒めてくれた。

失敗の先に見える美しい景色

反対する家族を押し切って、この業界に飛び込んできたのは大向だけではない。

名古屋支店排水事業部に勤務する孫田貴子《まごだたかこ》は、入社十四年目。金融業から転職してきた異色の経歴をもつ。

「反対する親には、『帝国データバンク』の資料を見せて、どれだけこの会社が安定していて、将来も有望かということを力説しました」

エビデンスを提示すれば、感情的な反対論に勝ると踏んだのは、さすが元金融レディらしい。

しかしそこまでするには、孫田の情熱的な側面を語らずには説明がつかないだろう。

孫田の趣味はサーフィンだ。金融レディとして忙しく働く一方で、週末は仲間と車を駆って海へ出た。

いつからか、そこで目にする海の汚れが気になるようになった。

「プラスチックゴミが浮かび、油が浮遊している。このままではいけない、と仲間とビーチクリーンに参加するなどして、自分なりの活動はしていました」

ビーチクリーン活動をする孫田は、次第に環境に関心を抱くようになり、いつしか、金融の世界ではなく、もっと日常に密着した、身近な業種で働きたいと思うようになった。きれいな制服を着て、カウンターの向こう側のお客さんと事務的な会話をする。その日々に、徐々に魅力を感じなくなり、思い切って会社を辞めて、ハローワークに向かった。

「ハローワークの求人票には『二一世紀の快適な生活環境づくりのお手伝い』と書いてありました。普段自分が感じていた海洋汚染や、環境への思いが、そこにつながったんです。さっそく面接を申し込みました」

そこで出会った面接官も、採用された名古屋支店の人たちも、アットホームな雰囲気が印象的だった。当初は試用期間で二カ月アルバイト契約をした。会社も3Kの業界に女性を入社させるのには慎重なのだろう。

試用期間終了後、迷いなく正社員としての採用を希望した。熱い思いで入社してから現在まで、ずっと排水事業部に配属されている。入社当時四十名ほどだった支店の社員数は、今では倍の八十八名だ。それでも入社当時に惹かれた温かな社風は、少しも損なわれていない。

孫田の仕事は工事に必要となる「安全書類」という書類を作成したり、入金処理したりするいわゆる事務仕事だ。現場のことも知りたいと、休みの日にほかの現場の社員に連れて行ってもらったこともある。仕事で一番好きな瞬間は何かと聞くと穏やかな笑顔でこう答えた。

「工事が終わると、現場の人から終了の連絡が入ります。すべての現場からこの連絡をもらったときに、ああ、今日も無事にみんなが仕事を終えられてよかったと、ほっとしてうれしくなるんです」

まだ若いのに、支店の中の「お母さん」のような眼差しだ。

孫田は二児の母だ。二〇一五年に第一子を出産し、続けて第二子を身ごもり、三年連続で産休育休を取得した。

「私にとって、会社は戻りたい場所。リフレッシュできる場所でもあるんです」

大好きな場所、帰りたい場所が、二カ所もある孫田は実に幸せそうである。

「自分の経験からしかいえませんが、自分を信じて目の前の仕事をこなすだけではなく、分からないことをそのままにしないことも重要です。分かるまで上司に確認したり目的意識を明確にしたりして責任をもって業務を遂行する必要があります。お客様を第一に考え、営業事務として気遣いの心を忘れないことも大切だと思います。

ここでの仕事は、自分に自信を与えてくれました。何かをやり遂げたとき、お客様や仲間たちが『ありがとう』って言ってくれるんです。そして自分に自信がもてるようになると、人にも優しくなれるようになりました。それからいつも明るくしていれば、周りも明るくなります。大袈裟かもしれませんがこの会社に入って、これまで見えていた世界がガラッと変わったんです」

失敗を克服した先にある景色の美しさを知ったという孫田の目標は、知識を増やして、それを後輩に伝えていく先輩になることだ。今に満足しないで、会社の成長とともに、勉強したいと精力的だ。自身の子どもたちには、会社のビデオを見せたり、休みの日には、上下水道局の見学にも連れて行く。

彼女は「未来の子どもたちが過ごしやすい美しい世界を残すこと」を夢に掲げている。

自ら違う環境に飛び込むスピリット

「誰かの役に立っている。そう実感がもてた瞬間が、たまらなく好き」

そう答えたのは、東京本部排水事業部作業課に勤務する岡本《おかもと》かおりだ。部署名を見てお分かりの方もいるだろう。彼女は現場の作業に入る女性作業員だ。女性の作業部隊を引っ張る姉御的な存在で、社内でも一目置かれている。

そんな彼女の「現在の仕事」を聞いてまず驚いたのが、これまでのキャリアだ。

岡本は同社に入社する前、和菓子店の販売員をしていた。すでに店長として、店舗経営に従事。職人が作る繊細で美しい和菓子に囲まれ、おいしいと喜んでくれる客を相手に、店舗運営を任される。やりがいもあっただろう。

そんな彼女がなぜ、下水道事業へ飛び込んだのか。

「最初の動機は、事務仕事をしてみたかったから。勤務地が自宅から近く、事務のアルバイトの求人票が出ていました。ずっと販売員で、事務仕事をほとんどしたことがないので『未経験者歓迎』という言葉を見て、応募しました。それと、『アットホームな雰囲気』ということにも惹かれましたね。実際ですか？　本当にうちの会社はアットホーム。事務の仕事はとても楽しかったです」

しかし、二十五歳の頃に出産で退職する。出産して一年ほど経った頃だろうか。育児に追われていた岡本に、会社から連絡が入る。

「仕事に復帰して、今度は社員として入社しないか」

アルバイト事務員だった自分を覚えていてくれたこと、そしてそろそろ仕事がしたいと思っていたこともあり、彼女は喜んだ。

「うれしかったのはもちろんですが、本当にありがたいと思いました。しかも今度は社員としてということだったのでなおさらです。悩む暇もなく、ぜひ、と即答しました」

会社側としても新たに求人費用を掛けて、同社を知らない人を採用するよりは、勤務経験のある人が再び入社してくれたらあらゆる意味で安心だろう。けれども意外とそういう会社が少ないのが現実だ。

主婦の就業を応援する「しゅふＪＯＢ」ウェブを運営する株式会社ビースタイルの調査機関「しゅふＪＯＢ総研」が行った調査によると、総数七四四のうち、八十九％が「元の職場に復帰する制度に賛成」と回答し、「復帰したい」人は六十％近くいたにもかかわらず、実際に復帰した人は希望者のなかで二十三％に留まったという。いったん退職した者の職場復帰は、意外と狭き門である。

正社員として同社の事務職に復帰。その後、二人目の子どもの出産があり、育児休暇を取得した。女性が働き続けやすい環境は、同社ではかなり充実しているようである。

育児休暇から復帰したのち、しばらく事務職だったが、二〇一六年の人事異動で、突然、現場の作業課へと配属となった。作業課の女性社員は岡本が第一号、パイオニアである。
きれいなものに囲まれていた販売員店長職から、「縁の下の力持ち」ともいえる地味な業界へ転身しただけでなく、今度は事務職から現場の作業員へ。本人はどんな気持ちだったのだろうか。

「迷いはなかったですね」

意外な言葉が返ってきた。志願したわけでもないのに、現場への打診は何の抵抗もなく受け入れた。その根底には、岡本のもつチャレンジ精神がある。

「やってみなければ分からないじゃないですか。もちろん仕事の内容について具体的に想像はしていませんでしたが、これも『女性の活躍の場を広げていく』という会社の試みだと思います。それに選ばれたわけですから、迷いはありませんでした」

まずは、マンションの全館清掃に立ち会うことから始まった。

「女性作業員が一緒に行くと、集合住宅の場合は特に、住民の方から感謝されます。やっぱり安心するのだと思います。日中、家を預かっているのは女性が多いわけですから。それに、『ああ、そういう（女性も活躍している）会社なんだな』って思っていただけていると思います」

体力の問題や得意分野の違いなど、もちろん個人差も大きいが、なんでも同じにすることではなく、多様性を認め互いの良さを補うことが人間社会でもある。これまで女性が活躍しにくかった場所で、能力を発揮することが今後の人口減少社会にとっても、働き続けたい個人の願望を叶えるうえでも大切だ。

どうしても気になることを聞いてみた。

「家族の反応ですか？『チャンスだから、いろいろやってみたら』と、とてもポジティブに受け入れてくれましたよ」

筆者がなぜそんなことを聞くのかとでも言いたげだ。一方で、

「マンホールの重さなど、体力的に対応できないこともあるし、ハードな現場は、私はあまり経験していないんです。ほかの女性社員は男性社員と同じ現場経験を積んでいるのに」と、少し残念そうだ。

女性現場作業員第一号の岡本を筆頭に、女性作業員は二〇一九年から徐々に増員し、現在、五人の女性が現場で作業を行っている。

「常に手探りでしたけれど、後輩が一人、二人、と増えていくことで、できることも増えてきました。後輩の存在は大きいです。

まだまだ今後、どういうふうに、何をやっていくかという手探り状態は続きますが、今以上に現場をこなしていきたいし、もっと現場の女性や役職者が増えてほしいですね」

例えば、女子寮の現場は女性だけの部隊で行ける日が来るかもしれない。女性の目線で、家事・育児・介護……、家を守る主婦への独自のサポートもできるようになるだろう。国の施策でも育児や介護で出たオムツのゴミを流せる下水道の開発などの議論が進んでいる。こうした場に同社の社員が、大きな役割を果たす日も近いだろう。

「この業界、この会社をもっと多くの人に知ってもらいたいんです。私たちは縁の下の力持ちですが、この地面の下に何があるか、みんなに想像を巡らせてみてほしい。うちの会社が行う『出前授業』は、未来を担う子どもたちへの啓発活動です。そういうことも含めて、やるべきことはたくさんあります」

自身への成長の思いとともに、会社や業界の未来にも目を向ける。

「やりがい」の見つけ方

管清工業で唯一の女性管理職は、東京本部総務部用賀総務課に勤務する朝倉《あさくら》恵美《えみ》。現場経験はないが、入社から十七年、事務系の部署を幅広く経験してきた。

二〇〇四年に入社した朝倉は、大学では化学を専攻。環境に携わる仕事をしたいと考えていた。朝倉が同社を知るきっかけになったのは、大学で同じ研究室に所属していた学生。彼は、インターンシップ制度を利用し、管清工業の夜間工事を経験していた。

その友人から、現場仕事の大変さも聞いていたし、環境事業といっても「下水道」と聞けば、汚いんだろうなという想像はついた。しかし、社長と同じ大学だったということもあり、縁を感じた。確かに縁があったのだろう。まさかそのときは予想だにしなかったはずだが、夫ともこの会社で巡り逢った。

「入社することに抵抗はまったくなかったですね」

と明るい表情で語る。マスクをしていても、彼女の性格がさっぱりと朗らかであることが伝わってくる。

「みんなのお尻を叩く、姉御肌、いや肝っ玉母さんのような安定感がある」

もっぱらの彼女の評判だ。

入社してすぐ、現在の用賀総務課に配属となった。一年半の勤務のあと、公共事業部の営業事務を三年間、その後工事課報告書係一年を経て、再び古巣の用賀総務課へと戻ってきた。

用賀総務課は当時四人。少人数の部署であるため、業務内容は多岐にわたる。

「最初は人数が少な過ぎて、分からないことがあっても、やり切るしかないという感じでした。つらかったかどうかですか？　つらいと考える暇もないくらい忙しかったですね」

あまりにあっけらかんとしているので、本当につらい経験や大変なことがあったのだろうかと思うほどだ。しかし、休みがなかったこともあると聞けば、やはり体力的にもかなりハードな場面があったのだろうと想像はつく。

「工事課報告書係に従事していたときは、ものすごい量の調査報告書を仕上げなければいけないときがありました。量も大変ですが、仕事をどう工夫するか、相手のことを考えた内容にどうしていくか、そういうことを追求していくのはとてもやりがいと達成感がありました。

うちの会社は人間関係がよくて和気あいあいとしているので、仲間にも励まされてきました」

辞めたいと思ったことは、一度もないのだという。

「仕事をすること自体が大好きなんです。それに、一口に事務といっても、いろいろな仕事の経験をさせてもらえるので、飽きません」

本来業務ではなかったが、渋谷区恵比寿の公共トイレのネーミングライツ事業に、プロジェクトメンバーとして参画したことがあった。二〇一三年のことだ。駅の外にある、暗くて汚いというイメージの公共トイレを、いかに女性にも気軽に安心して使ってもらえるか。どのように、公共トイレのイメージを明るく洗練されたものにしていくか。さまざまなプロフェッショナルとも議論し、納得のいくものができたと胸を張る。自分の発想や提案を常に受け入れてくれる土壌で、朝倉ものびのびと仕事をすることができたのだ。

三年ほどしかいなかった営業事務の仕事については、自分から希望を出して異動を叶えた。

「これまでの総務課と違って、現場やクライアントとの直接のやりとりは、スピードも求められました。このスピード感がとても楽しくて」

「朝倉さん、なんだか、どの話を聞いていても楽しそうですね。どうやってやりがいを見つけるんですか」

と聞いてみた。

「やりがいをもてないという若い人もいますけど、それって日々の積み重ねだと思うんです。目の前のことを必死に食らいついてやっていたら、気がつけばやりがいに変わっている。そう思うんです」

朝倉の言うように黙って突っ立っている人の前に、急に「やりがい」という名前の何かが飛んできてくれるわけではない。当たり前のことをコツコツと。それができる人が昨日より今日、今日より明日と成長を続けていける。その成長の連続を「やりがい」と呼ぶのである。

思いをつなぐ

社員たちの話を聞いていると、ベテランも中堅も、比較的入社から日の浅い社員のなかにも、一定数の「人から紹介された」と言って入社してくる者がいる。

第二章で登場した「花の五十七組」、初の大卒四人のうち、二人は大学教授からの一押しだったし、高校卒業後に入社した大向も、高校の先生から推薦されて入社した。

二〇一五年に入社した田中宏治《たなかこうじ》（本社生産技術部生産技術課）は、部活のコーチからの紹介で入社した。ただ、同じ紹介でも教員からの推薦とは少しわけが違う。このコーチは同社ですでに社員として働いている現役社員だからだ。

田中は明治大学農学部の出身で、大学では体育会系相撲部に所属した。大学を卒業してからも、東日本実業団相撲選手権大会では、平成二十七年に第三位、平成三十年には準優勝を果たしている実力派だ。

「ずっと部活に熱中していたので、就職活動の時期になっても、仕事のイメージはあまり湧いていませんでした。そこで、すでに社会人となっている相撲部のコーチに、就活について相談をしていたんです。

すると『自分が勤めている会社は、インフラ産業で安定しているし、メンテナンス事業はなくならない仕事だ』と言って、受験を進めてくれました」

会社が依頼したわけではないが、このコーチが期せずしてリクルーターの役割を果たしたのである。自分の会社に信頼がなければ、自発的に入社は勧めないだろう。そういう安心感もあったのか、田中は入社を決意する。

面接時、営業か現場かと面接官に聞かれた覚えはある。自分でも、事務はなさそうだし、どちらかなんだろうと思っていた。しかし、蓋を開ければ、生産技術部への配属。

田中の所属する生産技術部は、現場で使う機械の開発を行っている。

「入社して、現場も知らないのにいきなり開発の仕事です。何も分からず本当に苦労しました。実験をして、検証をする。その繰り返しでしたが、現場を知らないことで遠回りもしたと思います」

現場経験もなければ、知識もなかった。足りない知識は、業務時間外に勉強して資格の取得にも励んだ。やはり現場を知らないといけない、と自発的に現場にも足しげく通った。

「最初の一年はとにかくめまぐるしさに右往左往していましたが、二年目になり、自分が一人で任される仕事も増えてきました。このときが一番苦しかったです。同時期、二十七人いた同期も一気に辞めてしまい、今残っているのは十六人です」

しかし、田中はこのとき退職を踏みとどまった。上司に相談し、フォローしてもらったことで続ける気力を取り戻したのだった。

「相撲で、『三年先の稽古』という言葉があるんです。その言葉があの時の自分を思いとどまらせてくれたんだと思います。今大変でも、三年先に自分が輝けるように、とにかく今、頑張れ。そういう言葉です」

相撲部で培った忍耐力やメンタルの強さは、当然ながら仕事にも活かされている。

「一番しんどかった二年目を乗り越えて、今はやりがいをもって仕事ができている」

アメリカから輸入した新しい技術を一年目の田中が担当し、四年経って初めて受注につながった。努力が実った瞬間が、やはり忘れられない。それが仕事の醍醐味でもある。

技術者として成長を続ける田中の目標は、「ベテランでなくても、誰でも安全に仕事ができる機械を開発すること」

現場がリスクと隣り合わせだという現実は、技術が進歩した今でも変わらない。社会の安心安全な生活を守るのが同社の社員の役割だが、技術を磨き、現場に役立つ開発をして社員の安心安全を守りたい。経験も知識もないのに、と戸惑いながら過ごした日々は、田中を大きく成長させ、彼の心は今、使命感で漲っている。

もう一つ、田中が関心をもっているのは人事の仕事だ。

「退職者の多くは入社後早いうちに辞めていってしまう。自分も辛い時期があった。けれども乗り越えたからこそ、やりがいに満ち溢れた今がある。だから多くの社員に、成長のステップだと思って、乗り越えてほしい」

退職していく人が壁だと思っていたものは、ほんの少し勇気を出して押してみれば、未来への扉だったと気づくだろう。

「人が辞めていく現状を止めるために、少しでも貢献したい」

一度は辞めたいと思った人だから見えるものがある。入社して七年。先輩が言っていたように、世の中の情勢に左右されない会社だと実感している。長引くコロナ禍で、その実感は増すばかりである。

この会社には、やりがいと達成感を得られるチャンスがある、そう前置きして、こう言った。

「やりがいは、自分で見つけるものだと思います」

入社を勧めてくれた先輩からつないだバトン。実はすでにもうほかの人に渡してある。その相手は、田中の兄だ。兄は田中に勧められ、中途で同社に入社し、別の部署で働いている。

管清工業がつなぐバトンは、速さを競うのでも勝ち負けを決めるものでもない。長く、確実に、安心安全を届けるバトンなのだ。

常に現場で使命を果たす

とある大都市の駅前の大通り。道路の左右にはコンビニや不動産店舗、金融機関や飲食店が立ち並ぶ。誰もが見慣れた光景だ。しかしこの日は少し様子が違った。ヘルメットをかぶった男たちをテレビが映し出していた。陽はすでに落ちていて、駅前であるというのに暗闇に包まれていた。

「交通規制を解除する準備ができましたので、報告します」

工事関係者が市長に恭《うやうや》しく伝える。

「了解！　交通規制を解除してください」

市長が工事責任者の報告を受けて、県警の責任者へ指示を出す。

「交通規制を解除します」

市長と互いに敬礼を交わした警察官は、続けて少し空を見上げ、こう叫んだ。

「信号機、点灯！」

真っ暗だった都会の闇に、真っ赤な信号機の光がいくつも灯った。その現場を取り囲んでいた工事関係者や県警、行政の職員、遠くから見守る市民が、大きな拍手で、工事終了を祝った。

大きな拍手の音、信号機のまばゆい光、関係者の感慨深げな面々がテレビに映し出されると、地元の人間でもないのに、胸が熱くなった。

数え切れない多くの人たちの、いくつもの判断と勇気、そして市長いわく「オール福岡」が業界を超えて一丸となった知恵と汗の結晶——それが、「交通規制解除」だった。

その「オール福岡」に、九州エリアでもライフラインの維持管理を行う管清工業が含まれていたのはいうまでもない。

二〇一六年の博多駅前陥没事故。トランプ大統領当選のニュースよりも、この事故のニュースを覚えている方のほうが多いのではないだろうか。

その日の博多駅午前五時前。当時地下鉄工事をしていた作業員が、異変に気づく。地盤崩落の兆候である「肌落ち」という現象だ。即座に関係各所に周知し、十分後には全従業員が退避。最初の通報から数十分足らずで道路は封鎖された。

その直後である。ドカーンという音がして道路に二カ所、大きな穴が空いた。穴は周辺の道路を次から次へと吸い込んだ。電柱や信号機なども足元から掬《すく》われ、それらもあっという間に巨大な穴の中に落ちていった。

二つあった穴は、やがて一つの大きな穴となり、それをビルの上から見ていた人は、「ゴジラが出てくるかと思った」と、その穴の大きさを表現した。

周辺のビルは基礎がむき出しになり、その下にも容赦なく水が流れ込んでいる。よくもあの建物が持ち堪えているな、と心配になった。

縦横三十メートル、深さ十五メートルもの陥没は、もはや日本の出来事には思えなかった。割れて崩れ落ちていくアスファルトの道路は、まるで板チョコがパリパリと折れていくような、儚い存在に見えた。

遠くから心配そうに見つめる市民が、ゴマ粒のように小さい。深さ十五メートルといっても分かりにくいかもしれないが、ビルでいえば五階建てのビル一棟分の深さということになる。陥没した規模がどれだけ大きいかが分かるだろう。

にもかかわらず、である。当時四十二歳の若き市長が陣頭指揮を執り、たったの六日間で道路も寸断していたインフラもすべてが開通した。

陥没事故のニュースは世界中のメディアを賑わせたが、それ以上に日本の職人技ともいえる復旧劇は、称賛のニュースとして世界中を駆け巡った。

九州のターミナル駅である博多駅。事故当時は早朝だったとはいえ、車の往来だってあったはずだ。この大事故で、死者はおろか負傷者も出さなかったのは、工事関係者の迅速な対応と情報共有の賜物だろう。

有事のときは自身で判断し、即座に動く。悠長に上司に報告・連絡・相談をしている暇はなかっただろう。一人ひとりが現場のプロフェッショナルとして、責任ある行動を執った。

それは、管清工業の古賀《こが》博晴《ひろはる》（九州支店公共事業部営業課係長）も同じだった。

早朝五時十分に起きたこの陥没事故を、古賀は七時半に出社して知ることになる。九州支店は福岡にあるが、何も考えずに会社を飛び出した。

「とりあえず現場に行かなければ」

向かった先は、福岡市役所である。何か自分たちにできることはないかと思い、一目散に飛び出したのだった。

役所は騒然としていた。席に座っている人などなく、電話は役所中に鳴り響いていた。かろうじて市役所の下水道管理課長を見つけた古賀は、駆け寄ってこう言った。

「何かお役に立てることはありませんか？　何かあったら、いつでも飛んできますので、言ってください！」

課長は多忙のなかでも、古賀の顔を見て少し安堵したように見えた。

「とりあえず今は騒然としているから、何かあったら電話させてもらうよ」

その日の夜八時。市役所から古賀のもとへ連絡が入った。陥没事故で、地下に張り巡らされている雨水管もダメージを受けているかもしれない。その調査を至急行ってほしい。そういう依頼だった。

これより前の一九九九（平成十一）年、未曽有の集中豪雨により、博多駅が冠水した。

地下三階まではすべて水没。地下に入っていた飲食店の従業員一人が逃げ遅れて亡くなるという痛ましい事故だった。

この事故から福岡市は水害対策本部を設置し、中洲にある浄水場まで、二千四百もの雨水管を張り巡らせたのだという。今回の陥没事故で、この雨水管にも影響を与えている可能性があった。この雨水管が破損するようなことがあれば、二次被害が起こるかもしれないし、寸断されているライフラインの復旧にも影響を与えてしまう。

福岡市役所の課長から相談を受け、古賀は即座に工事課の責任者に連絡した。連絡を受けた工事課はすぐに対応し、二日後には調査が終わって、無事に業務を成し遂げることができた。福岡市長の「オール福岡」というそのたった一言のなかには、こうした名もなき現場の作業員や営業マンたちが数え切れないほど含まれている。

報道的には「名もなき」勇者たちかもしれないが、その一つひとつの実績は、担当者が数年おきに変わることの多い行政の担当者にも、しっかりと伝え継がれている。

古賀も、その「信頼」を先輩たちから紡がれ、後輩へとつないでいく重要な役割を担っている。信頼の連鎖は、ここ九州でもしっかりと続いている。

信頼を得るための、たった一つのこと

二〇〇四年、大学を卒業した古賀は九州の出身である。長引く就職難のあおりを受けた「ロスジェネ」世代だ。大学では建築士を目指し建築設備を学んでいた。ゼネコンなどに就職する仲間たちのなかでは、異質な就職先であるといえる。

「就職難ということもあって、とにかく内定を早く欲しいという気持ちはありました。最初は九州のなかで就職を考えていましたが、両親や先生に相談すると、『物事はなんでも広く見たほうがいい』とアドバイスしてもらいました。そこで、地元九州にこだわらずに、全国にある会社や、建築以外の業界も見てみようと。大学の就職センターで目に留まった求人が、管清工業でした。

それまでも『これからは管理の時代が来るだろう』という声も聞いていたのもあり、ビルの管理なども視野に入れていましたが、下水道の管理という業務内容を聞いて、面白そうだな、と思って、入社を決めました」

入社一年目は、大阪支店工事課。部署は希望どおりだったが、東京勤務という希望は、大阪支店に変わった。

「毎日が新鮮ではありましたけれど、知らない土地、社会人としての緊張感。現場仕事は肉体的にも大変ですし、最初の一年目が一番つらかったですね」

そう苦笑した。

大阪支店公共事業部工事課から大阪支店排水事業部作業課へ異動になって二年が経って仕事にも慣れてきた頃である。当時の大阪支店長だった篠原（現スワレント社長）から、声を掛けられた。

「古賀くん、そういえば君は九州出身だったよな」

現在、九州支店と「支店」への昇格を果たしているが、当時は「大阪支店九州営業所」。篠原は九州営業所も統括していた。

「九州に戻らないか」

軽い調子で尋ねられた古賀は、地元に帰れる喜びもあって即座に返答した。九州営業所への異動となる。

「それが、行ってみたら、排水事業部の営業課でした。その後現在の公共事業部に異動になりました」

入社当初、現場を希望してから、ずっと現場畑を歩いてきたが、ここにきて営業を担当することになる。

「やってみたら、自分は職人というよりも、人と接する営業が向いていることに気づきました」

篠原は、古賀の個性をしっかりと見極めていたのだろう。まさに適材適所である。水を得た魚のごとく、さまざまな現場や役所に顔を出し、そのフットワークの軽さや対応力を発揮した。

博多駅陥没事故での対応は、まさに古賀らしさが活かされた事例であろう。公共事業という特異な分野にもかかわらず、古賀は新規開拓を次々と達成し、数値目標は個人、部署ともに前年比を大きく上回る業績を上げ続けている。

社内では、九州支店昇格における立役者の一人として、古賀の名前も挙がる。仕事の秘訣を聞いてみた。

「まずは、敵をつくらないということです。公共事業は、地元の産業育成という役所の考え方がベースにあるので、地場の会社とともにやっていくことが多いです。例えば、弊社や私のことが嫌いな会社が一社あったとしたら、実は十社、その後ろには百社の会社があるということを常に考えて行動しています。

敵をつくらないためにできることは、当たり前のことを当たり前にやるということ。例えば、言葉遣い一つとっても、失礼な言い方、生意気な物言いをしない。相手を不快にさせない。そういう積み重ねだと思うんです」

菅清工業が誇る顧客や同業他社からの信頼は、こうして全国の社員たちが築き上げたものである。

適材適所の絶妙な采配

企業は人なり、とは言い古された言葉だが、経営者たちがその言葉を知っているからといって、実践できているかといえば、それは話が別である。

優秀だと思って採用したのに、どうも配属の部署で能力が発揮されていないらしい。そういうときに、「ダメな社員だ」とレッテルを貼るのは、経営者や上司として、もっともあってはならないこと。優秀な上役であれば、社員が「もしかしたら、別の部署で能力が開花するかもしれない」と、ほかの部署でチャレンジさせるべきだろう。

同じ人間が、出会う人、出会う仕事、出会う場所で大きく変わるときがある。そこが人間の面白さでもある。

管清工業では、本社においても地方の支店においても、身近な上司が適性と思われる異動を促したり、本人の希望を受け入れ、さまざまな仕事にチャレンジさせるという風土がすでにあるようだ。そして多くの場合はそれが功を奏し、社員たちはより成長し、それによって会社の業績も右肩上がりだ。

まさに「企業は人なり」。それは、全国に散らばる上司たちが、部下たちの仕事ぶりをしっかり見ていることの証左でもある。古賀の営業への異動はその好例の一つだ。

徐々に退職者が減ってきているとはいえ、管清工業も3Kと呼ばれている業界ゆえに離職率が低いとは決していえない。しかし、離職率の高い業種だけに、適正な人事をいかに行い続けることができるかということに、重きを置いている。

二〇二〇年に入社した大久日菜《だいきゅうひな》は、大阪出身の二十三歳。大阪支店公共事業部営業課に勤務する女性営業マンだ。取材をしても言葉が出てくる、出てくる。さぞ営業が好きなのだろう。

しかし、本人からは意外な言葉が出てきた。

「私、緊張しいなので事務を希望していました」

大学三年生のとき、就職活動をしていて、いくつかの企業のなかで目に留まったのが管清工業だ。文系学科を学んでいたが、長く仕事をしたいというのが彼女の会社選びに対する重要な視点で「潰れなさそうな会社」を中心に会社を探していた。

「調べていくうちに、社会的貢献ができてかつ約六十年の歴史があると聞いて、興味をもちました」

説明会に行くと、大久の興味は確信に変わった。

「この会社なら、絶対に潰れない」

下水道事業と聞いて、汚いとか、キツイという心配はなかったのだろうか。

「実は、初めから事務職に就くつもりだったので、あまりそこは気にしていませんでした」

と屈託なく笑う。

大阪で一次面接から始まり、三次の最終面接には東京まで足を運んで、経営陣とも面談した。まず抱いた感想は「面接官の人の性格が良さそうだった」

一方的に話すこともなく、学生である大久の話を聞いてくれた。その「柔らかい会社」というイメージは、大阪での面接でも、役員面接のときも変わらなかったという。

事務職しか頭になかった大久に、面接官はこう問いかけた。

「大久さんは、営業とか興味があるかな？」

とても向いていないと自分でも思っていたが、興味をもった大久に、会社は入社一年目の女性の営業担当者を連れてきた。そこで営業の仕事はどんなものかを率直に語ってもらう機会を得たのだという。面接官は、大久が営業職に向いていることを本人よりも明確に見えていたようだ。

公共事業部の営業ということで、役所にたびたび営業に行く。一年目までは先輩の営業に同行するアシスタント的な役割だったが、二年目に入って、一人で行く機会も増えた。不安はないのだろうか。

「もちろん、最初の一年で先輩からいろいろと教えていただいたうえでの話ですが、先輩のあとについて行っていたときよりも、学べることが多いです。どうしてあのとき先輩がああしていたんだろうということも、今は自分で考えなければいけません。知らないことがあったら、持ち帰ってしっかりと調べてから報告しないといけないし、一人だからこその気づきは本当に多いです」

この二年弱の間、仕事がうまくいかなくて、悔しい思いを何度もした。お客さんに怒られて落ち込むこともあった。それでも毎日、学ぶことが多くて、もっと頑張ろうという向上心は尽きないという。

「立ち止まってはいけないって思うんです。立ち止まってしまったら、むしろ後退する。いつも成長を続けてはじめて、良い人生が歩めると思っているので」

嬉々として語る彼女を見ていると、緊張しやすくて、事務職しか考えていなかったと語った言葉を、忘れてしまいそうである。

「自分の成長ということで頭がいっぱいですが、先輩はもっと先を見ていて、会社や支店全体のことに目を向けて仕事をしています。すごいなあと思います。

目標ですか？　今はまだ二年目ですけど、もっと成長して先輩を追い抜きたい。それと、これからもっと活躍して、女性営業の後輩ができたら、憧れられるような女性になりたいです」

現場にも自ら率先して足を向ける。自分が取ってきた現場はもちろんだが、さまざまな現場を見ることで、自身の仕事に活かし、自己を成長させ続けていきたいと願う。けれども彼女は気づいているだろうか。もう、目線は「自己成長」だけに向いていないことを。

「うちの会社は、業界では知られているけれども、まだまだ知らない人もいます。このコロナ禍で、在宅勤務が当たり前になり、外出自粛が要請されるなど、いろいろな制限が掛かり、新しい生活様式へのシフトを求められています。そのような状況下であっても、人々の生活のためになくてはならないのが私たちの仕事です。会社の成長にしっかりとついて行って、会社を大きくできる人になりたいんです」

話を聞いていると、自分の夢や目標はもちろん、リクルートされているのかと思うほどに、同社の良さを懸命に伝えてくれる姿が初々しく眩しい。

「この業界は確かに女性が少ないですよね。だけど少ないからこそ、活躍できる場がいっぱいあると思うんです。私なんて、下水道事業の会社の女性の営業職というだけで、どこに行っても覚えてもらえます」

「うちの会社は『女性活躍の場を広げる』という方針を取っています。それもこの会社を選んだ理由の一つです。私はずっと仕事を続けていきたいし、この会社で長く働きたい。こんなに社会から信頼されている会社、自分自身が成長できる場がこの会社にあるっていうことを、たくさんの人に知ってもらいたいです」

若き情熱は冷めることを知らない。

「相思相愛」の会社を見つける方法

本人がまったく想像だにしない人事で配属先が決まり、そこにぴったりと適性が嵌《はま》った例はまだある。

前出の大久日菜と同じ、大阪支店に勤務する篠崎双美《しのざきふたみ》である。二〇一〇年に入社してから十年以上、ずっと大阪支店で事務を担当している。現在の肩書は総務部総務課主任。大阪支店内の排水事業と公共事業の営業事務を一手に引き受ける、営業マンにとって頼れる存在だ。

インタビューが始まると、すぐに違和感を抱いた。「入社当時から大阪支店勤務」と聞いているのに、関西人特有のイントネーションがまったく感じられなかったのである。

篠崎は大阪ではなく東京出身だ。大学で生物工学を学んでいた篠崎だったが、就職活動の頃、時代は長い就職氷河期に見舞われていた。既出の九州支店古賀は、就職難の時代だからこそ地元にこだわらず広い視野で就職活動をしたと語ったが、篠崎はその逆だった。

「就職が厳しい時代、きちんと自分の視点を定めて会社を探していこうと思いました」

そこで篠崎が最も大切にしていたのは「仕事が多少きつくても、自分がやっていけると思う会社を探す」ということだ。

売り手市場の時代であれば、会社の良いところにばかり目が行きがちだ。会社も、自分たちがどんなにすばらしい会社かを必死でアピールし、優秀な学生の取り合いに奔走する。買い手市場の場合は逆である。社会全体に大学生の受け皿が少ないわけだから、夢のような話もとんと聞かなくなる。だからこそしっかりと自分にとっての「外せない部分」を考えて堅実に会社を探すようになる。

篠崎は安定して先が見通せる会社であることや、インフラの整備、という生活になくてはならない業界ということに着目し、管清工業の入社試験を受けることにした。

いくら「多少きつくてもいい」と覚悟していたとはいえ、なぜ、よりによって、「汚い」「危険」というおまけが二つも付いた同社に入社を決めたのだろう。

「下水道事業というと、やっぱり『3K』という言葉が思い浮かびますし、女性はいかない業界というイメージは確かにありました。でも、自分のなかでは『社会人になったら、最初はどうせキツイ』ということの一つでしかなくて、そんなに気にはしませんでした。管清工業の業務内容を見れば、それは確かに地球環境を守るために必要な仕事であることが分かります。地球環境に関わる仕事に興味をもっていたので迷いはなかったです」

「仕事が大変でも、周囲の環境が良ければ、自分はやっていけると思っていました。そういう意味で、会社の実績や福利厚生、将来性というような組織としての環境も整っているように見えましたし、面接を重ねていくたびに、人間関係という、一番大切だと思う『環境』が良さそうという思いが強くなりました」

さすが生物工学を学んでいた理系女子といった雰囲気だ。そもそも篠崎はなぜ生物工学を学んできたのか。

「幼少期の頃、動物やいろいろな生き物が好きで、中学高校になると、保護団体での活動にも加わるなどしていました。年齢が上がるにつれて、目の前に見えている動物のような分かりやすい存在だけでなく、視野が広がって、地球環境全体に興味が湧いてきました。そして、視野を広げていった先に、生物工学という学問がありました」

下水道と生物工学。かけ離れていると思うかそうでないかは見る人の視点によるが、美しい地球環境を残していくうえで、無縁でもないだろう。

三段階の入社試験はすべて東京で受験した。内定をもらい、入社後、勤務地の辞令を受けてはじめて、篠崎は自分が大阪勤務になったことを知った。

「辞令が発表されたあとで、社長が私のほうに来てこそっと言ったんです。『篠崎さんは東京の人だって知ってたけど、キャラクターとか性格が大阪に向いているって思ったんだよね』って。実は、大学は静岡で、四年間実家を離れて一人暮らししていました。東京の会社に入社してやっと東京に戻れると思って、静岡で使っていた家具も手離してしまったし、正直、ショックでしばらく悶々としていたときもあります」

ところが今は「仕事が楽しくて仕方ない」と言う。

「社長に『キャラが大阪向き』と言われて、複雑な思いを抱いていたのは事実ですが、行ってみると大阪の人の距離感の近さや和気あいあいとした温かさが心地よくて、大阪に来てよかったと心から思っています。社長の言っていることは間違っていなかったな、って」

仕事の楽しさを語る篠崎が現在担当している業務のなかで、最もやりがいのある仕事が「積算」という業務だという。平たくいえば、自治体からの入札募集の際に事前に設計図が公開されるが、これを見て自社ならどのくらいで施工が可能かという概算を出す仕事である。

この「積算」の精度によって、入札できるかどうかが大きく左右されるのだそうだ。自分の出した積算が落札へとつながったときは「自分で自分を褒めてあげたいくらいうれしい」と顔をほころばせる。

そもそも支店の営業事務は、電話の応対や支払いの処理、もろもろの事務作業が中心で、篠崎も当初数年はその仕事のみに従事していた。それだけでも新人の篠崎にとっては膨大な量だ。

入社五年が過ぎた頃、営業マンから「忙しいからちょっと手伝って」と言われ、営業の仕事の一つであるこの積算業務に携わらせてもらったという。

篠崎の仕事ぶりが徐々に認められ、今では一年間に七～八本の入札に関わっている。その五割は落札しているというから、なかなかの勝率だ。

「行政の入札時期は決まっているので、その時期に積算業務も集中します。本来の営業事務業務も行ったうえでの仕事なので、〆切に追われたり、多忙を極めますが、そういう時間的・精神的ストレスよりも、楽しさのほうが上回っていて、仕事は面白くて仕方がないです」

現在でも、目の前に常に新しい仕事が飛び込み、持ち前の向学心は刺激されるばかりだ。ある業務に慣れてくると、営業マンや上司が（篠崎いわく）「うまいこと」新しい仕事を任せてくれるのだという。入社して十年以上が経ち、会社も大きくなり、社員の数も増えた。篠崎自身も成長を重ね、会社自体の業務範囲も、彼女が見る視野も大きく広がっている。

「親が入社前に教えてくれたことですが、仕事が分からないときは、つらくて当たり前ということ。それを乗り越えて、自分の意志や理解で仕事ができるようになって、うまく回り始めると、仕事はどんどん楽しくなるということです。それが本当だったんだと、日々実感しています」

大阪支店では、毎日、朝礼で現場や営業の人たちからの報告がある。そこで多くの人から感謝されているという発表があると、自分のことのように誇らしく思える。

「自分が直接言われなくても、自分の仕事がこうして社会のためにつながっていると思えます。これからの目標ですか？　営業さんたちがしている仕事や、現場の仕事ももっと理解して、フォローができるようになりたいですね」

向上心は留まることがない。

環境を守る仕事への誇り

篠崎と同じ年の二〇一〇年に入社した本社技術部技術開発課に勤務する野田康江《のだやすえ》は、女性としては珍しい技術畑一筋で主任として仕事に奔走する。

彼女も篠崎同様「地球環境」に関する仕事がしたいと思っていた。その思いだけでなく、バックグラウンドも篠崎と驚くほど似ている。

野田は国立大学の農学部出身。微生物を研究していたという。動物が大好きで子どもの頃は獣医に憧れていた。

「獣医になる夢は早々に諦めてしまいました。でも、大好きな動物のことを考えていたら、野生動物は地球環境が破壊されているせいで、多くが絶滅の危機に追い込まれているという現実を知ることになりました。そこから、環境に関わる仕事をしたいと思って、管清工業の門を叩きました」

就職氷河期で就職事情の厳しかったのは野田も同様で、野田の場合は二次募集で同社の入社試験を受けた。

「一次募集は技術職があったらしいのですが、私が受けたときは、事務職しか募集がありませんでした。当然、自分も事務職で採用されたと思っていました」

ところが蓋を開ければ技術部への配属。これも社長の采配のようだ。

「最初は心配でした。どこの会社もそうだと思うのですが、技術の仕事は大学院卒でないと務まらない気がして。自分にできることはあるんだろうか、と不安な気持ちでいっぱいだったことを覚えています」

本社技術部には部署が二つ（システム開発課と技術開発課）あり、技術開発課には女性三人が在籍している。

「環境に関わる、なくてはならない仕事ということに魅力を感じて入社したものの、下水道のことは何も分かりません。しかも新卒で技術部ですから、下水道に関するあらゆる知識を一から勉強しました」

大阪に向いていると判断された篠崎と本社技術部に配属になった野田。動物好きな少女が、環境に携わる仕事がしたいと管清工業に入ったところまではそっくりなのだが、実にキャラクターは正反対で、言葉を探すようにじっくりと考えてから会話をする姿が印象的だ。

物静かな印象の野田だが、仕事を果たすうえでの意思表示はしっかりと行う。

「下水道の管路メンテナンスを行う会社の技術開発に携わるために、現場を知ることは絶対に必要だと思っていました。ところが、一向にそういう機会もなかったんです。そこで、一年に二回ある人事考課面談で、現場を見たいと上司に直訴しました」

それもまだ入社一年目のこと。部署異動とはならなかったが、彼女の希望を聞いて、上司はそれから年に何回か現場へ連れて行ってくれるようになった。

最近の若い人は、仕事に対して受け身だという話もよく聞かれるが、野田は自分の仕事に必要な経験を、自ら取りに行くという積極性がある。

「初めての現場ですか？　下水の流量を調査している現場でした。最も一般的なサイズである直径九十センチメートルのマンホールの中に入ったのですが、思った以上に狭くて驚きました。『ここで作業するのは大変だなぁ』と。

現場に足を運ぶことによって、頭のなかで考えているものが、現場では使い物にならないというようなことも分かるようになってきました」

実際に開発に携わるようになったのは、入社三年目くらいから。だいたいの知識が身についてきた頃だ。初めての開発は、社内で使用する「簡易水位計」だったそうだ。

「開発の計画を立てますが、思うようにいかないことも多々あります。試行錯誤を繰り返して解決していくのですが、だんだんと完成時期も遅れてきます。実際、初めて携わった簡易水位計も、納期が遅れてしまいました」

現場から求められるものに応えるために、苦労も多々あったというが、現在は、技術部主任として、大きな二つの開発のチームリーダーを務める。

「自分が関わったチームが開発したものが、実際に現場で使われているという実感があると、仕事のやりがいを感じます」

野田の仕事は現場で求められている機械の開発ゆえに、スピード感が求められる。大変ではあるけれども醍醐味でもあるとはにかむ。

開発には早くても二～三年は掛かる。それも一チーム二～三人という少人数で複数の開発を手掛けるというから驚きだ。何気なくパンフレットに載っている機械も、野田を含めた技術職の社員たちが数年かけ、試行錯誤して作り上げたものである。それらがようやく現場におろされ、初めて管清工業の業務が回りだす。

二年前、野田は国交省国土技術政策総合研究所（通称・国総研）に、二年間出向した。インフラに関わるすべての分野の、唯一の国の研究機関である。下水道研究部という部署に所属し、国の視点での政策研究に携わってきた。

つくば市への転居を伴う出向は、家族の協力で実現した。出向から戻った野田は、その後、妊娠出産により育休を取得し、六カ月半という短期間で復帰をしたというから驚く。

「うちの会社は、一年間の産休育休があるので、取りたい人は取ったほうが良いとは思いますが、私は浦島太郎状態になってしまうのではないかという思いもあって、復帰を早めました」

管清工業には意外にも子育て世代の女性が多い。意外というのは業界に対する筆者の勝手なイメージで大変に失礼な話だが、ここでは野田のように、結婚出産を経て、子育て真っ最中の女性が「普通に」さまざまな部署で活躍している。

「これからは、男性がメインとされていた職域に、女性もどんどん出ていって、活躍をしてほしい」と語る野田。入社時には産休育休制度のことは気にせず入社したというが、女性が幅広い分野で長く活躍するためには、こうした制度の有無や利用者の数は外せない要素だ。余談だが、同社では男性の育児休暇取得者もいる。業界というだけでなく、男女問わず、家庭のことを心配せずに活躍できる企業という意味でもフロントランナーなのだ。

現在、国は下水道管を流れる汚水から新型コロナウイルスを検出することで、クラスターの発生源の検知や蔓延防止に役立てるための研究を行っている。現在、そのプロジェクトに管清工業も下水道管理のプロフェッショナルとして参画。野田はこのプロジェクトに、メンバーとして携わっているという。

野田への会社からの期待の大きさがうかがえる。社会人経験十一年目を迎え、主任という立場になった野田。自分よりも若い世代にはこうエールを送る。

「どんな仕事の人でもそうですが、いろんなことに挑戦をしてほしいと思います。そのためにも、会社がどんな仕事をしているのか、しっかりと知っておくべきだと思います。たとえ事務職でも、現場を見る。知らないことは、知らないままにしない。そういうことが仕事をしていくうえで大切なんじゃないかなと思います」

学生時代に抱いていた環境に関する思いも変わらないが、会社に入り、現場を知り、国の機関へ出向し、会社を内外から見てきたからこそ、伝えたいことがある。

「下水道は見えないし、だからこそ普段意識されないものだと思います。だけど私たちの生活に必ず必要なライフラインです。もっと下水道の役割やその大切さを意識されるようになってほしいと思います」

他者を支えることが喜び

取材中、社員の口から何度も聞いたのが「縁の下の力持ち」という言葉だ。

入社九年目、大阪支店中国営業所工事課に勤務する主任の田中良樹《たなかよしき》もその一人である。

「自分は学生の頃、サークルでバンドを組んでました。担当はドラムだったのですが、下から人を支えるということが性に合っているという思いがありまして。自分が就職活動をしていた頃、その先輩は管清工業に入って一年目でした。先輩の話を聞くうちに興味が湧いたんです」

ほかにいくつかの企業も受験し内定ももらったが、最終的には管清工業に決めた。

「先輩のご縁というのもありますし、最初に内定をもらったということもあります。ほかの会社から内定をもらったときも、気持ちはすでに管清工業に向いていました。

仕事とは関係ありませんが、就職活動をしたなかで、唯一、交通費を支給してくれたんです。面接でも細かく自分の話を聞いてくれて、良心的な会社だなという印象が強く残りました」

すでに入社している先輩からは仕事の厳しさをある程度聞いていたそうだ。

「先輩は、『仕事はしんどいよ』と言っていました。体力的なことや朝早く起きなければいけないとか物理的なことです」

仕事が多少きつくても、環境が良い会社を選びたいと言ったのは大阪支店の篠崎双美の言葉だが、心が整えば人はつらいことも乗り越えられるものだということを、何人かのインタビューで改めて実感する。

田中は入社当初、大阪支店公共事業部工事課に勤務した。工事課への配属は田中の希望だ。大阪支店には工事課と作業課があるが、より大きな仕事ができそうだと思ったという。「縁の下の力持ち」が自分に合っていると分析する田中は、営業職は自分には不向きだと思っている。

現場仕事は危険が伴う。入社間もない頃は、まだ勝手が分からず怖い思いもした。作業に入った下水道管の中で、思ったよりも水の流れが速く、足を滑らせそうになった。流されてしまえば当然命に関わることになる。危険な経験はしないに越したことはない。当然、会社側も安全教育を研修で行っていたり、一人でも危険な目に遭わせないためのロボット開発であるわけだが、人でなければならない業務がある以上、少なからずこうした経験を積みながら、次第に危機管理能力が身についていくことが多いのだろう。

入社当時は、現場の仕事も、パソコンなどの事務的な仕事も分からないことだらけ。自らの報告ミスで、現場の工程に支障が出てしまったこともある。

「今思えば、当たり前のことが当たり前にできていなかった」

そう振り返る。二～三年目頃、田中も会社を辞めたいと思ったことがある。体力的に続かないと思ったのだそうだ。しかし、先輩たちが引き留めてくれたおかげで、今がある。

いろいろあっても、「続けてきて良かった」と語る。

現場に行けば住民の方から「ありがとう」と感謝され「ごくろうさま」と労ってもらうことがある。管清工業の現場経験者が誰もが経験する、やりがいを実感する瞬間だ。

「マンホールの中は普段見えないし、興味をもつ人も少ないと思いますけど、普段の生活の真下にある、大切な役割を果たしているのが下水道です。仕事では、県をまたいで全国いろいろな場所に行くことがあります。多くの地域で貢献できているというのは、この会社の良いところだと思うんです」

もし、自分も誰かに自分の会社の良いところを伝えるとしたら、どこですかという問いへの回答だ。

続けて、二年目から実績に応じたボーナスが支給されるが、その額に驚いたというから、待遇面にも不満はないのだろう。

「正直、こんなにもらっちゃっていいのかなと思いました」

ちょっと照れくさそうに答えてくれた。今後の課題は、主任として上司と部下のパイプ役をしっかりと果たすこと。大きな目標を掲げて邁進するというより、一日一日のやるべきことを、しっかりと果たしていきたいと語る。

「大阪支店も入社した九年前に比べて規模が大きくなって、ここ中国営業所も規模拡大による移転の話も出ています。会社が成長しているのを実感するからこそ、自分も、その会社の成長を支える一人になりたい」

まだ若い彼の口から、何度「支える」という言葉を聞いただろう。華やかなボーカルやギタリストを支えるドラマーは、根っからの「縁の下の力持ち」のようである。

仲間と誇りがあれば無敵

3Kの代表のような企業ゆえに「キツい」「大変」「一度は辞めようと思った」という言葉は、ほとんど全員の口から出るのだが、九州支店排水事業部営業課で営業事務を担当する松本《まつもと》香織《かおり》は「キツいと思ったことは一度もない」と笑う。

もちろん、現場職でないことはその理由の一つかもしれないが、事務職だからキツくないというわけでもない。

彼女がそう言った理由は、「前の仕事のほうがきつかったから」

松本の前職は運送会社だったが、ハローワークで管清工業の求人を見つけて、転職を決意した。運送会社も下水道事業も、どちらもキツそうなイメージだが、彼女はそうは感じなかった。

「ハローワークで求人を見つけてから、会社のホームページなどをじっくりと見ました。そこに書いてあった経営理念や会社の方針に『お客様目線』ということを強調していて、そこに共感を覚えたんです。

下水道に関しては、普段気にしたことはありませんでしたが、ずっと誰かの役に立ちたいと思っていたので、生活を支える大切な役割を担っている会社と知り、面接を申し込みました」

面接では支店長らと対話した。

「支店長と総務の方と二人で対応していただいたのですが、二人とも終始にこやかでこの人たちと一緒に働きたいと強く思いました。採用が決まる前から、自分はここで働くんだと、心で即決していました(笑)」

前の会社でも営業事務をしていたが、現場と接することの多い今の仕事に満足している。排水事業部という特性上、直接お客様とのやりとりができるのも、松本の高いモチベーションの理由の一つだ。

「電話応対をするのですが、お客様から直接『ありがとう』と言っていただけるのがとてもうれしいです。前職でも営業事務でお客様と接してはいましたが、ちゃんと仕事ができていても、叱られることはあっても感謝されることが少なかったですから。インフラを支える仕事っていうのは、こんなにも喜ばれるんだなって感動しました」

まだ若い松本だが「結婚してもここで働き続けたい」と今から管清工業とともに歩む長い道のりを描いている。

恩返しがしたくなる会社

入社の動機を滔々《とうとう》と語れる人はすばらしいが、すべての就活生が「どうしても入りたい」という会社に入れるわけでもない。

次に登場する本社管理本部総務課主任の齊藤京子《さいとうきょうこ》も、二十七年前の一九九四（平成六）年、「消去法で入社した」と苦笑いする。

「短大を卒業したのですが、当時は短大卒で受け入れてくれる会社は少ない時代でした。行けるところを探していた結果、短大卒でも事務職の募集があった管清工業にご縁をいただいて、入社しました」

人が仕事をする会社を選ぶ理由はいろいろあるが、大切なのは入社の動機よりも、そこで何を成し遂げるかということに尽きると思う。

逆に「最も危ないタイプ」は、立派な入社希望動機と、富士山のように高い理想を掲げて入社するタイプだろう。理想をもって仕事をすることは重要だが、その理想を実現するためには、たくさんの泥臭いことや、時にやりたくない仕事も必要なときがある。そのギャップに心が折れてしまう人は意外と多い。

齊藤が入社する前までは、管清工業は社員数二百人程度の比較的小規模な会社だったが、その後新卒者が一気に入社した。同期の数二十二人。職場はさまざまだが、女性は事務、男性は現場職に就いた。

齊藤が最初に配属されたのは技術部。そこでデータ整理業務を行っていた。一年半ほど勤務したのちに、企画部に配属。さらに一年後、人事部へ異動となる。

「一番大変で、一番やりがいを感じたのが、この人事部でした。上司と合わせてたったの二人の部署でしたから、まだ入社して三年目の私にも、いろいろなことを任せてくれました」

ちなみに同期の女性はもう誰もいない。結婚、または別の理由で退職していった。齊藤の入社した年くらいから、新卒を多く入れるようになってきたが、その分、辞めていく人も増えた。採用しては退職されるという繰り返し。会社が大きくなっていくため、必ず通る道ともいえる。

離職を少しでも防ぐには、入社後の研修は欠かせない。その大切な役割を入社三年目だった齊藤が担っていた。

「上司はわりとはっきりとモノを言うタイプの人でした。私も若気の至りもあり、そんな上司に食って掛かっていました。それでも、新入社員研修のすべての手配をほぼ一人で任せてくれました。本当に大変でしたが、やりがいを感じた仕事です。おかげで、自分にも自信がついたと思います。当時の人事課長は強烈な人でしたが（笑）、この上司からいい影響をたくさん受けていると思います」

七年間人事を務め、東京本部総務部に二年ほど、のちに北関東営業所に営業事務として十三年勤務。営業所時代は、五人ほどの小さな営業所だったため、総務的な仕事も含め、幅広い経験を積んだ。

「辞めたいと思ったことは何度もあります。仕事が嫌だということよりも、マンネリというか、もっと違うことをやってみたいとか、違う会社を見てみたいとか、そういう理由です。でも、その都度、周囲に止められるんです。それも、家族や友人たちから。『あんなにいい会社はないよ』って、説得されてしまうんですね」

辞められない理由はほかにもある。齊藤自身が会社に感謝しているのだ。

「入社して間もない頃、先代の社長にもよくしてもらった記憶があります。当社が『下水道・排水管の清掃』をしている会社ということで、社内の清掃は社員がしっかりやるように言われていました。若くて何も知らないということもあり、机の拭き方や流しの清掃方法などの小さなことから、丁寧に教えてくださるんです。

社員の誕生日には、社長が全社員に郵便で直筆の手紙を送ってくださいました。賞与明細にも必ず手紙が入っていました。小さい規模だったからできたことだとは思いますが、自分も含め一人ひとりのことをしっかりと気にかけてくださいました。だから、もう離れられないといったら大げさですが。会社に恩返しがしたい。そのためには、自分もしっかりと成長していかないと」

昔を知る社員たちからよく聞いたエピソードがある。

「就業時間が終わると同時に、机の下からお酒が出てきて、一杯飲もうとなる」

業務内容が厳しいからこそ、家族のような温かな関係性が職場の中にできていたという。

今ではご法度だろうが、齊藤も「ちょっと一杯」の時代の名残を経験した一人だ。

「当社は、下水道管理という、地味な仕事です。でもそれをコツコツやっている社員の人たちは、本当にいい人が多いんです。仕事に関しては、まさにプロフェッショナル。そういう人たちが集まっている会社です」

北関東営業所を経て、現在の部署へ異動になって二年目となる。事務の仕事はひととおり経験を積んできたが、今後の目標は「追われるのではなく、常に先回りして仕事ができるようになること」

「私は大雑把なところがあるので、女性社員が少ない時代から続けてこられたのかもしれません。例えば、自分が女性だから、女性のメンターが欲しいというようなことは思ったことはなかったです。若い世代へのメッセージですか？

なんでも挑戦してみたほうがいいということでしょうか。やってみないと分からないことも多いし、挑戦させてくれる会社です。人事や営業所にいたときに任せてくれる上司のもと、ぶつかりながらもやり切ったというあの体験は、うちの会社らしい体験だと思います」

主任という中間管理職の立場として、下の世代にはもちろん、上の世代にも言いたいことがある。

「デジタル化や新しいものには早く慣れてほしいですね。あとは、昔だったらセーフだったようなことが、今の若い人にはアウトだということもあります。そういう気遣いは今後必要だと思います」

決して華やかではないけれど、この社会に必要な仕事をしている。齊藤もその自負は強く抱いている。

「私たちの仕事は、なくてはならない仕事。それを多くの人に知ってもらうために、広報の人にも頑張ってもらいたいです」

口ぶりはキリッとしているが、眼差しは温かい。今よりももっと良い会社になってほしいから、物怖じせずに注文をつけることもいとわない。

それが、自分を育ててくれた会社への、恩返しの一歩だと信じている。

他者貢献の本当の意味

マズローが唱えた「欲求の五段階説」というものがある。

五段階説の最上位は、「自己実現欲求」、その下が「承認欲求」である。近年では、五段階ではなく、自己実現欲求のうえに「自己超越欲求」つまり、利他の精神を満たす欲求を含め、六段階説も提唱されている。

一方で、自己実現の下にある「承認欲求」はなくてもよいと断じたのは、オーストリアの心理学者・アドラーである。彼は、人間の過度な「承認欲求」は、相手軸に左右される不要な欲求とした。

「自分の人生を生きろ」と、他人の評価軸に翻弄される人たちに強いメッセージを送り続けたのである。

――他人からの称賛や感謝など求める必要はない。自分は世の中に貢献しているという自己満足で十分である――

「ありがとう」と感謝されれば、誰でもうれしい。それが原動力になるし、未来への希望にもなる。やってきてよかったと、改めて自分のした仕事を誇らしく思えるはずだ。しかし、いつも誰かに感謝されないとやる気が起きないというのでは、その人の幸福度は残念ながら目減りしてしまうだろう。

重役となったベテランも、まだ入社数年の若者も、汚泥にまみれた経験ですら、「さほどでもない」とばかりに淡々と語り、楽しかったことや未来への希望を口にする。

どんなに泥まみれ、汗まみれになって働いても、そして仮に感謝の言葉が直接彼らの耳に届かないときでも、その労力が確かに他者や社会に役立っている。そのことを知っているからこそ、管清工業の社員たちは仕事の話をするときに笑顔を絶やさないのだろう。

もはや、マズローの承認欲求はすでに満たされ、アドラーのいう「他者貢献に対する自己満足」の域に達しているとしか思えない。なんとも不思議な会社に出会ってしまった。

第四章

人と社会のためだけでなく、未来の子どもたちにバトンをつなぐ――
三百年企業を目指して

災害支援は、平和な社会への入り口

「プロパー社員と中途採用の社員が関わり合うことで、化学反応を期待したい」

そう語ったのは、社長の長谷川健司だ。新卒採用を多く募集できるようになるかどうかは、その企業の成長を測る物差しになることがある。

「うちは○○年から、コンスタントに新卒を採用できるようになりました」

会社が大きくなったことをこのような言葉で表現する経営者や人事担当者は多い。管清工業も「花の五十七年組」という言葉が出てきたように、同じような経緯をたどり、次第に新卒採用が増えていったが、同時に中途採用者も積極的に採用している。

九州支店熊本営業所の所長、渕上真吾《ふちがみしんご》は入社二十五年目を迎えたが、当時の係長黒木から直接リクルートされた中途入社組である。

渕上がガソリンスタンドの店長をしていたとき、その客だったのが管清工業だった。たびたびガソリンを入れに来る営業所の黒木は、あるとき、渕上に声を掛けた。

「うちの営業所で一人社員を募集しているから、うちに入らないか」

渕上にとっては、渡りに船だった。

「当時、ガソリンスタンドは、フルサービスからセルフサービスへとサービス形態が変わる過渡期にあって、転職を考えている時期でもありました。ちなみに、そのガソリンスタンドは今はもうありません」

管清工業へのオファーを受けるにあたり、渕上は父に相談した。父は都市ガスの会社に勤めていた。

「父は、『インフラのなかでも電気とガスはほぼ百%普及しているけど、下水道はまだ敷設を完了していないし、今後管理業務はますます重要になる。これからは維持管理の時代だ』というアドバイスをくれました。これが後押しになって、入社することにしました」

ガソリンスタンド時代から、営業所長から仕事の話は聞いていたため、入社後に仕事のギャップはまったく感じなかったと言って笑う。

「仕事内容はあらかじめ分かっていたので、現場がつらいということはまったくなかったですけど、かろうじていえば、出張で家を空けることが多かったことですかね。まだそのときは子どもが小さかったこともあるので」

多くの人から聞いた「現場の最初の一年がつらい」というような言葉は、渕上からはとんと聞かれない。

十五年間現場を担当してから営業職に変わり、昨年、営業所長となった。面白いのは、前任の黒木所長も現在、同じ営業所で執務にあたっていることだ。立場上は渕上が所長ということになっているが、実質、前任者の後を継ぐ者として、「ツートップ」の状態だという。

現場職から営業職に移るときも営業所長に就任したときも、渕上自身の働きかけがきっかけだったというからさらに驚く。

「当時、周りを見回してみて、熊本営業所の未来を考えてみると、今自分が営業をやらなければ、ほかにやる人がいないんじゃないかなと思っていたんです。それで、当時の九州営業所長に自分から相談しました。人から言われてやるより、自分から手を挙げたほうがいいかなぁ、と」

当時の熊本営業所長の黒木は、ベテランで地域の自治体にも人望の厚い人だった。その彼の後を継いで営業を引き継いでいかないと、せっかく黒木が長きにわたり築き上げてきたものが失われてしまうのではという危機感が渕上にはあった。

「黒木所長（当時）からは、今のうちに、熊本県内を徹底的に回れ、とアドバイスをもらいました。すでに取引のある自治体も、まだ取引実績のないところにも、とにかく顔を出せ、と。

言われたとおりにいろいろ回りましたが、最初はまったく相手にしてくれないところもありました。こういう業界は基本的に地元企業優先ですから、仕方のないことではありますが、それでも管清工業を知ってもらうためにくまなく回りました」

事態が変化したのは、二〇一六年四月十四日に発生した熊本地震のときである。二日後の十六日には、マグニチュード七・三を記録。一九九五年に起きた阪神淡路大震災に匹敵する大災害となった。

その日、渕上は仕事を終えて家族と夕食を取っていた。晩酌しようとしたその瞬間、大きな揺れを感じた。最大震度七を記録した。実はこの時、渕上の周囲でも特に大きな被害はなく、翌日は平常どおり出社している。すでに営業職だった渕上は、熊本県内の自治体すべてに確認を取ったという。しかし、ほとんどの自治体からは「影響は特にない」という回答だった。

ところが、その二十八時間後、十四日よりも大きな揺れに見舞われる。

「前震とは比べ物にならない激しい衝撃だった」

渕上は述懐する。近所の家の瓦は崩れ落ち、ブロック塀は軒並み倒れた。停電が起こり車の中で一夜を過ごした。

家族、会社の同僚や友人、知人の無事が不幸中の幸いだったが、家の中に足を踏み入れると、そこにはもう、これまでの日常は消えていた。家具は倒れ、食器は散乱して粉々になり、その揺れの大きさをまざまざと見せつけられた。激しい余震は、そのあとも続いた。

「正直、とても不安な状態が続き、仕事のことを考える余裕もありませんでした」

しかし、夜が明けた十六日には、管清工業の熊本営業所に現地対策部会を置き、渕上は対策部会長として、二日後の十八日には、熊本県下水道対策本部と打ち合わせを行っている。

「本当は身の回りのことで精一杯の状況でした。でも、ライフラインを守る仕事だという自負もあり、腹を括《くく》って、災害支援業務に邁進することにしました」

管清工業へは、方々《ほうぼう》から電話が鳴り響いた。

「どこを頼っていいか分からないから、とりあえず管清さんに連絡しました」

普段下水道のメンテナンスや排水管の清掃をしているような地元の小さな企業では、とてもではないが対応できる状況ではないという状況を見た自治体からのSOS。そういう自治体があとを絶たなかった。

しかし、被害は甚大だった。いかにパイオニアであり先進技術をもった管清工業とて、とても一社で対応できる規模ではない。管清工業も加盟している「管路協（公益社団法人日本下水道管路管理業協会）」を窓口にして、加盟企業と連携して業務に当たることになった。

災害が起こると、行政による一次調査から始まり二次調査へと進んでいく。管路協が対応する二次調査に至るまで、行政からの指示を待たなければならない時間は一週間だった。渕上はこの指示待ちの時間を、忸怩たる思いで過ごした。

「行政の常識では対応できないのが、災害の現場です。でも、どの被災地にも生活がある。平等に早く対応したいんですが、そういう理屈が通らないことがあるんです。だからクビを覚悟して、言うべきことを言わせてもらいました」

災害支援には、大都市を対象とした「大都市ルール」と、それ以外の市町村を対象とした「全国ルール」があるという。複雑な行政のレギュレーションは、現地での対応に無駄が生じたり的確な対応を妨げる障壁にもなったようだ。こうした反省点は、行政や業界でも共有され、今後の課題として活かされていくことになる。

災害対策支援を続け、約二カ月後、管路協での対策本部は無事解散と相成った。こうして書くとすべて順調にいったかのように見えるが、現場の対応は過酷なものだった。渕上をはじめ現場近郊の社員たちは、彼ら自身も被災者でもある。そのような状況のなか、街のために家を空けて奔走した。

管路協に加盟する全国の企業から多くの支援員が駆け付けたが、観光地でもない被災地では彼らの宿泊地の確保もままならず、二時間かけて現場に通う者もあった。ホテルの宴会場の「舞台」で雑魚寝をするなどはまだいいほうで、作業が延期になれば転々と宿泊地を変えなければ、その日寝るための場所も確保できない状態だった。

日中は体を使って現場の調査をし、宿泊先では夜遅くまで報告書の作成に追われた。翌日には調査データをまとめ、報告しなければならない。多くの作業員は、睡眠を削って業務に取り組んだのだ。

ライフラインを支えるこうした現場のプロたちが、本来業務をいったん横に置いてでも、全国から駆け付ける。そして初めて被災者の生活が、日常へと一歩、コマを進めることができるのである。

下水道は、電気・ガス・上水道といったほかのライフラインに比べ、後回しにされることが多く、自治体や支援員の充当も十分ではない。その限られた資源を、最大限に活用して、安心して水が流せるという状況をつくり出している。

重なる災害に、自治体も下水道の重要性を再認識しているようだ。「熊本地震における下水道の復旧対応状況と課題～全国の下水道技術者による支援～」と題された報告書（熊本県土木部道路都市局下水環境課）によると、「上水道の復旧時には、下水道の流下能力確保が必須」「トイレ機能の確保は避難所から自宅に帰る人の増加や避難所生活の負担・ストレスの軽減に寄与」とまとめられている。

安心してトイレを使えない状況が続けば、被災者の命にも関わる。東日本大震災以降、被災地のトイレ問題はその重要性がようやくクローズアップされてきている。さらに下水道が健全に保たれていなければ、疫病の蔓延にもつながりかねない。

人間は飲む水がなければ生きていけないが、下水道の安心安全を守ることも、命を守るということと等しいのである。

こうした災害支援で渕上をはじめ管清工業の社員たちが果たした役割は大きく、その信頼度は増した。前任者の黒木とともに、渕上の存在も九州で知れ渡るようになり「ツートップ」の安定感は、社内でも注目を集めている。

渕上が所長になった事のいきさつを聞いた。

「ちょっと、隣にいらっしゃるので言いにくいんですけど……」

苦笑しながら、事のいきさつを説明してくれた。

「黒木さんは誰にも代えられないほどの存在感があるし、自治体からの信頼も厚いです。でも、もうちょっと肩の荷を下ろしてほしいというか、自分ができることは肩代わりしたいと思いまして。それで、自分から、所長になったほうが良いんじゃないかって申し出たんです。

だから役職名的には、立場が逆転したように見えるんですけど、実際のところは、上司と部下という関係ではないんですよね。何というか、言い表しにくいんですけど、ほかの会社の人から見たら、おかしな関係ですよね。よく、『なんでそんなに仲が良いの？』って、聞かれますよ」

絶妙なバランスで支え合う、師弟関係のような存在。有能な選手が引退してコーチになった、とでもいうイメージだろうか。

そんな二人が支える熊本営業所は、みんなが気さくに相談し合える雰囲気だ。

「だから、会議などのかしこまった場があまりないんですよね」

さりとて、放任主義なわけではない。

「自分は、お客様からも小さなことでも相談していただける間柄になりたいと思っています。仕事で何がうれしいかって、お客様からお電話をいただけることですよ。休日でもいいし、仕事の内容でなくてもいいんです。

部下にもお客様とそういう関係性を築けるようにという教育をしている最中です。正直、若い人たちが伸び悩んでいるなという印象を受けるときもあります。だから人材育成にも力を入れていきたいですね」

渕上は、管清工業のなかで、全国で先駆けて社員同士が得意なことを教え合うという取り組みを始めた。

この渕上の取り組みは、実に理にかなっている。

アメリカの調査会社（National Laboratories）が発表した「ラーニングピラミッド」という図がある。学生が授業から得た内容を、半年後にどれだけ覚えているかという「知識の定着率」を調査したものである。

これによると、大学の一般的な「講義」では五％。読書十％、視聴覚二十％、デモンストレーション三十％、グループ討論五十％、自ら体験する七十五％と続き、「他者に教える」ことで、九十％とその定着率が上がる。

近年、教育現場ではこのような研究を基にしたさまざまな「アクティブラーニング」の手法が取られている。もちろんこれは社内教育の観点からも有効な指導方法だ。すでに社内で注目の熊本営業所だが、これから渕上に育てられた社員たちが、どう育っていくか、楽しみである。

最後に、若い社員や、社会人に「つらいときに、どう乗り越えるか」、そのヒントを聞いてみた。

「自分にもいろいろあったと思いますけど、三年もあとになったら、全部良い思い出だしすべて笑い話になります。それを最初から分かっていれば、辞める人は減るんじゃないかな」

使命感のためならクビになることをいとわないほどの熱血漢だ。その情熱を支えているのは、この泰然とした気のもちようなのかもしれない。

これからが本当の出番

近年、ＳＤＧｓや環境問題などがクローズアップされ、若手の入社動機には「環境に関わる仕事がしたい」と管清工業の門を叩く人も増えた。

入社二十二年目、名古屋支店排水事業部で営業課長を務める宮川大樹《みやがわひろき》は、そういう意味では時代を先取りした問題意識をもっていたといえる。

宮川が就職活動をしていたのは一九九〇年代後半だ。

一九九七年の京都議定書の採択により、環境についての議論が、ようやく国内でも活発になり始めた。世界に目を向ければオゾン層保護に関する「ウィーン条約」が採択されたのは一九八五年、環境と開発に関する国連会議（地球サミット）が開催されたのは一九九二年のことだが、まだ日本国内の一般市民の間では、これらは他人事であった。京都議定書も、開催地が京都でなければ、日本人の環境に対する意識は、もっと低かったのではないかと推測する。

そんな時世であったが、宮川は違った。

「私が就職活動をしていたのは就職氷河期と呼ばれた時代でした。大学では環境工学を学び、『環境問題を解決する』ことをテーマに研究をしていました。当時は珍しい学科だったと思います。

当然、就職先も環境に関わる仕事ができる会社を探していましたが、私の場合はそのなかでも『下水を処理する会社』を探していました。いろいろ調べましたが、下水関連となると、下水処理施設の管理や清掃を行う会社がほとんどで、管清工業のような下水道管の維持管理の企業は、ほかにありませんでした」

もちろん、地域の零細企業のようなところはあったのだろうが、今から二十年以上前に、すでに業界としては「大企業」となっていた管清工業は稀有な存在だった。

どうして「下水道」というピンポイントな分野に興味をもったのだろうか。

「子どもの頃、自宅の近くに川が流れていました。そこにはゴミやヘドロが浮いていて、とてもじゃないですが、魚なんているような川ではなかったんです。

ところが、小学校高学年、中学生と年齢が上がるにつれ、その川がきれいになっていくのを目の当たりにしてきました。そして、いつしか魚が泳ぐ川になったんです。

なんでだろうと興味をもっていたとき、授業で下水道の大切さを学び、川の汚染と下水道の普及に大きな関係があるということを知りました。そういえば、子どもの頃、家の近くで大きな管を入れているような工事をよく見かけたな……、ということを、思い出したんです」

子どもの頃に見た「川の復活劇」は、少年だった宮川の心に深く刻まれた。そこから環境に興味をもち、大学の専攻にも影響を与えた。自分が仕事をするときは、絶対に水という分野は外せない。宮川には強い意志があった。

宮川が「下水道処理施設」よりも「下水道管そのもの」に興味を抱いたのは、こうした幼少期の実体験によるものだ。

しかし理想が高かったからこそ、戸惑いもあった。

入社当時、公共工事部工事課に配属され毎日現場に出向く日々だった。現場仕事自体は想定内だったが、彼が思っていたより「工事会社」という印象を強く抱いた。もっと直接「水」に接するのかと思ったのである。

現場ではたくさんの機械を使いこなさなければいけない。それらに慣れるまでにも一苦労だった。同期十人のうち、宮川を含めた二人が名古屋支店への配属だったが、一人はすぐに東京に呼び戻された。

ほかの社員も口々に言うが、志高く入社した宮川でさえ、最初の三カ月は大変だった。なにより仕事が全然分からない。見よう見まねでこなすので精一杯。

「入社したての頃は、仕事の内容も分からないまま、みんなのなかで仕事を見つけていかなければいけない。今でこそそんなことはないですが、当時はやはり、先輩のやっているこ とを見て、自分の仕事を見つけていく、そんな感じでした。下水道の仕事が汚いこともするということは、入社前から分かっていたことですし、そこに対しては何の躊躇もなかったですが、仕事が分からないということがとにかくつらかったですね」

そんな日々を送るうち小さな転換期を迎える。

半年が経った頃、アルバイトが入ってきた。バイトが入るという些細な出来事だったが、それが宮川の仕事観を変える最初のきっかけになった。宮川は依然、一番若い社員だったが、アルバイトが入ってきたことで、仕事を教える立場に変わった。

「仕事が分かってきたこともありますし、アルバイトが入ってきてくれたおかげで、自分がしっかりしなければという自覚も芽生えてきました。やるべきことが見えてきたので、そこから少し気持ちも楽になりました」

入社二年目になると、自分の裁量で現場を任されるようにもなった。

「若いうちに仕事を任せてくれたので、やりがいはありました。でも同時に、下水道、つまりライフラインを守る仕事なんだと思うと、プレッシャーを感じることもありました」

喜び勇んで入社した会社だったが、すべてを前向きにとらえていたわけではない。

「現場の仕事は手先を使う職人のような仕事です。自分に向いているとは、とても思えませんでした」

でも、一度自ら望んで飛び込んだ世界を簡単に辞めようとは思わなかった。何事も継続が大事だという思いがあった。何より子どもの頃に体験した、美しい川がよみがえったときのあの感動は、ずっと宮川の心に鮮明なまま刻まれている。その美しい景色に寄与しているると知っているからこそ、この仕事を続けること、この先もこの仕事を未来へ紡いでいくことしか彼の頭にはない。

「失敗したことですか？　数え切れないほどありますが、一番の大きな失敗と後悔は二年前に経験しました。

近年、自治体から官民連携の業務が増えていますが、これを一括で受注できる大きなチャンスが目の前にやってきたんです。さまざまな情報をかき集めて、分析し、その自治体のお役に立てる提案書を作ったという、絶対の自信がありました。でも、蓋を開ければ、ほかのＪＶ（共同企業体）の評価のほうが高く、受注できませんでした。社長には『受注できると思います』と事前に報告していたにもかかわらずです。

そのとき初めて社長に怒鳴られました。事前にもたらされていた情報を、自分がきちんと分析できなかったことが原因です。一緒に提案書を作ったＪＶのパートナー企業と夜まで提案を考え、議論してきました。内容には今でも絶対の自信があるんですが、市の意向を汲み取ることができなかったのが敗因です」

悔しさは、次へのバネとなる。これまで順調だった宮川には、必要な経験だったのかもしれない。

現在、八人の部下を束ねる営業課長として仕事に邁進するが、自らの性格を「上の人をサポートする仕事が向いている」と分析する。部下に対しても「みんな仕事へのやる気があって、部下に恵まれている」と、周囲への感謝を欠かさない。

「うちの会社は、ただ下水道をきれいにして儲けているのではなくて、下水道業界全体の未来を見据えています。管路管理総合研究所という組織を作り、下水道の大切さを外に発信したり、未来へ向けた啓発活動を続けています。

これまでも業界のパイオニアではありましたが、これからもリーディングカンパニーであり続けるという使命感を、社員が共有しています。むしろ、これからが私たちの本領を発揮する、本当の出番だと思っています」

控えめな印象の宮川だが、仕事、そして下水道事業に向ける使命感は強い。

未来に胸を張れる会社

一九九四年入社の芝田利恭《しばたとしやす》も「環境」という言葉に惹かれて管清工業の門を叩いた先駆者の一人だ。現在大阪支店公共事業部営業課で課長をしている。

横浜出身の芝田だが、大学は埼玉にある埼玉工業大学。白衣を着て実験をしている理系の学生だった。

「微生物を使って水質汚濁を解消する実験をしたり、活性汚泥処理の研究をするなどしていましたので、環境とか社会貢献とかそういうことに関われる仕事を探していました」

大学の就職課に、「カンセイ」と書かれたパンフレットを見つけた。めくると研究室のような場所で、実験器具が並べられ、白衣を着た社員が写っている。「水質分析室」の写真だったようだ。

「それを見て、『こんな仕事があるんだ』と興味をもちました。会社のパンフレットを見ると、社会貢献度の高い会社だということが分かりました。福利厚生や待遇が良かったのも、安心できました。当時、会社説明会はあったと思いますが、私は行かずに応募しました」

よほど、管清工業への関心が高かったのだろう。ちなみに、芝田が見せてくれた二十五年前の会社パンフレットは、彼が大学時代に手に取った実物である。入社してからも、大切にきれいなままの状態で保管している。それだけでも芝田がいかに会社を誇りに思っているかが伝わるというものだ。

いくつか採用試験は受けたが、芝田は管清工業に行くことをためらうことはなかった。

「一次面接から面接官の方はとても話しやすくて、良い雰囲気だと思いました。驚いたのは、最終面接です。当時社長だった長谷川清社長と、当時大阪支店長だった長谷川健司社長、あと一人か二人いたと思います。

社長(当時)は、社長じゃないかのようなフレンドリーな雰囲気で話しかけてきて、びっくりしたのを覚えています。そのときに、現社長に『君はどこにでも行ける?』と聞かれて、『はい!』と即答しました」

そして大阪支店に配属になる。現社長の長谷川健司も自分の部下になるかどうかを想定して、芝田に質問を投げかけたのかもしれない。

公共事業部工事課に一年半ほど勤務。現場での仕事は朝早くて夜が遅く、まさに3Kの仕事。白衣を着る仕事ではなかったが、現場を知らなければ仕事はできないと思っていたから、抵抗はなかった。

「筋肉痛にもなるし、体力的には確かに大変でしたけど、仕事が終わったあとは、わいわいがやがやと職場のみんなで飲みに行ったりする毎日は、やりがいもあったし、楽しかったですよ」

その後、当時あった「道路事業部」へ配属となる。阪神高速道路公団の管理する道路の維持管理を行っていた部署だ。芝田はここで八年間、警察や周辺住民との協議などをはじめとする、工程調整の仕事を担っていた。

その後、現在の職場である公共事業部営業課に配属されたが、当初は不安な気持ちでいっぱいだった。

「管清工業のなかでも特殊な道路事業部という部署にいたので、下水道関連の仕事はよく分からないし、自分にできるのかなぁ、という感じで不安でした。しかも営業は自分に向いていないと思っていたので、なおさらです」

このとき芝田はアットホームな管清工業の社風の恩恵を存分に受けた。

「諸先輩方は温かいし、工事課の人たちからもいろいろ教えていただきました。業務のこともよく分からないので、勉強したのですが、朝早く、そのときの上司だった鈴木管理本部長が個別に勉強会のようなことをしてくれました。本当にありがたかったですね」

困っているときには助け合うという社風だが、こんなことも多々あるのだという。

「営業を始めたばかりのときは、当然数字が付いてきません。一～二年目のときは個人目標が未達ということがあったのですが、先輩が自分の業績を分けてくれて、私に「下駄」を履かせてくれるんです。

ほかにも、取れやすそうな仕事を回してくれたり、個人同士競い合うというよりも、みんなで良くしていこうという社風は根づいているので、今でも各部署でこのようなことはあると思います」

それは単に、「労《いたわ》り合い」という意味ではなかった。

新人でも数字の取りやすい仕事を振り、あえて任せてみる。そして責任感をもたせ、実際に数字を取れれば達成感につながる。

このような成功体験を、若いうちから積み重ねさせることで、社員一人ひとりに自信と、管清工業が大切にしている「チャレンジングスピリット」を育てている。

「自分に自信がつくと、人にも優しくなれる」

そう話したのは名古屋支店の孫田だったが、こうした連鎖が会社の社風も好調な業績も支えているのだろう。

芝田は二〇一七年に課長に昇進。多くの部下を支え、引っ張っていく存在になった。部署の売上は就任以来、毎年達成しているという。業績好調の秘訣は？　と問うと、簡潔に答えた。

「前向きに、真面目に、地道に、コツコツと。これに尽きます」

それでも自治体相手の仕事には、「閑散期」という不安が付きまとう。

「営業から帰ってくると、支店に工事課の社員がいるとか、黄色い作業車が支店の前に停まっているという状況を見ると、頑張らなくてはと自分を奮い立たせます。現場にいるべき社員や車が、閑散期になると支店にいるという状況ではなく、年がら年中、仕事があるという状況をつくるように意識しています」

営業マンへの教育は、課長である芝田ではなく、主任クラスが担当するようにしている。最近はそれに加え、一年先輩の社員を新人に付けるように心がけている。

「新人にとっては、年の近い先輩のほうが相談しやすいし、自分の悩みを分かってくれそうだという、安心感があると思います。先輩側も、後輩に教えることによって、学ぶことが多く、相乗効果を感じているところです」

前出の熊本営業所長渕上も「教え合う」ということを重視しているが、芝田も同様に、他者に教えることで教える側が学びを得るということを重んじている。近年は、入社三年後の定着率は九十％という、驚異の数字を出しているというが、その理由もなんとなく分かった気がした。

芝田の部署は自治体相手の仕事だが、包括的民間委託が増えている昨今、いかに相手の「困りごと」を解決できる提案ができるか日々考えていると語る。

多くの社員からも、この「包括的民間委託」という言葉は出てくるが、同社にとってこの時代の流れは大きなチャンスである。

そのチャンスを活かせる立場にあるのは、業界のパイオニアであるからだ。六十年という長きにわたり、一貫して下水道管路管理に力を注いできた。その蓄積があるからこそ、業界からも自治体からも厚い信頼を得ているのである。

「管清工業に任せれば安心」

どの職場からも、こういった話が出てくるのは、その評価が一時的なものではなく、確固たるものであることの証だ。言い換えれば、それは「ブランド力」であるといえる。全国に支店を展開し、社員層が厚いことも、大きなスケールメリットだろう。

「うちは、三百年企業を目指しています。これからも常にパイオニアであり続けるために、自治体や業界団体に対する勉強会やアドバイスができるようにしていきたい」

「持続可能な社会の実現という、世界の大きな流れのなかで、うちの会社は、これからますます影響力が強くなってくると思います。入社してくる社員たちも、年々こうしたことに関心をもって入ってくる若者が増えてきました。責任ある仕事をしているということを、若い人にもしっかりと伝えていきたい」

芝田には小学六年生の息子がいるが、子どもにも管清工業の仕事の話を頻繁にするのだという。子どもに胸を張って伝えられる仕事。子どもにとっても父の仕事は誇らしいだろう。

「うちの子は、管清工業が大好きなんです。大阪支店では「釣部」を作っているのですが、部のみんなで釣りに行ったりBBQしたりします。既婚者はみんな家族連れで来ますよ。若い社員も子どもを可愛がってくれていつも喜んでいます。

息子が入社したいと言ったら？　もちろんうれしいけど、親子で仕事をするっていうのもなんか……、どうなんですかね（笑）」

仕事に対する熱い思いは尽きないが、最後はちょっと照れくさそうに、そう答えた。

芝田のコメントで出た「三百年企業」という言葉。二十三年前に社長に就任した長谷川健司が、社員に向かって「この会社を三百年続く企業にする」と宣言したことに、端を発している。

「三百年企業という歴史のなかに、自分の足跡をしっかりと残したい」と語ったのは、既出の九州支店営業係長の古賀である。彼は取材中、何度も「この会社に入って良かった」「エッセンシャルワーカーとしての誇り」という言葉を口にした。

「つらいことや大変なことはどの会社でもあると思いますが、街を眺めて『この街の安心安全な生活は自分たちの仕事が支えている』と思うと、大きなやりがいを感じます。子どもたちの未来に、この安心安全な街も、この会社も残していきたいと思っています」

自分の仕事や会社に誇りをもてる。それを子どもに伝え、子どもにも同じ仕事を体験させたいと願う。自身が経営者であれば、そのような人も少なくないと思うが、会社員としてそう思えるとは、なんと幸福なことか。そして、子どもにとっても、なんと誇らしいことだろう。

親の自信に満ち溢れた背中を見せることが、子どもの未来にどれだけ重要であるかを思う。社会の不平不満を言い、会社の愚痴を言い、ため息をつきながら毎朝出勤する親に育てられた子どもと、どちらが将来の幸福感度を高められるかを考えれば、その差は歴然だろう。

世界一の「老舗大国」ニッポン

日本における下水道の歴史は、まだ百四十年に満たない。そう考えれば六十年という管清工業の歴史は、下水道事業という分野においては、老舗であり、パイオニアだ。

一般に「老舗＝創業百年を超える企業」といわれているが、全国の企業のなかでの割合を示す「老舗出現率」は、二〇一九年調査で、二・二七％（帝国データバンク）とされている。三百年といわず、この「老舗」の仲間入りをするだけでも、至難の業だということが分かるだろう。

日本は、百年以上の歴史をもつ老舗が、世界で最も多い国だといわれている。二位アメリカ、三位ドイツと続く。「日経ＢＰコンサルティング・周年事業ラボ」の最新の調査（二〇二〇年）によると、百年続く企業のなかで、日本の企業は四十一・三％と、二位アメリカの二十四・四％を大きく引き離している。さらに二百年企業で見ると、そのうち、実に六十五・〇%を日本企業が占めている。二位のアメリカは十一・六%、三位ドイツ九・八%と、さらにその差を広げているのである。ちなみに、世界最古の企業は、日本が誇る「金剛組」。創業はなんと五七八年。日本史で有名な推古天皇の即位や大化改新《たいかのかいしん》よりも前に存在していたということになる。今年（二〇二一年）、一四四三年の歴史を、また新たに刻んだ。

なぜ、日本ではこれだけ多くの老舗が存在し続けているのか。世界と大きくその差を広げている理由は何なのか。管清工業がこれからの未来を描くに当たってヒントになるかもしれない。

同時に、「業界の老舗」である管清工業が、下水道の歴史そのものが浅いにもかかわらず六十年にわたり、成長と繁栄を続けてきた秘訣は何なのか。その理由も明らかになるだろう。

「経営の神様」も学んだ石門心学と管清工業の共通点

「三百年企業を目指す」

そう掲げる長谷川に「なぜ百年とか二百年じゃなくて、三百年なんですか」と、多くの人が質問をする。長谷川は、必ずこう答えるという。

「江戸が三百年続いたから」

冗談のようにも、あてずっぽうのようにも聞こえるが、平和な時代とされた江戸時代が長く続いたのには、確かにさまざまな理由があるだろう。そしてこの江戸時代は、文化を醸成しただけでなく日本人の教養を磨いた時代でもあった。

老舗企業や優れた経営者の研究をすると、必ずといっていいほど出てくる江戸時代の人物がいる。「石門心学《せきもんしんがく》」の祖といわれる石田梅岩《いしだばいがん》その人である。「近代経済の父」と謳われたスコットランド出身のアダム・スミスが『国富論』を著したのは一七七六年だが、梅岩はそれよりも前、江戸の時代に「商人道」ともいわれる「商人の生きるべき哲学」を広く伝えた。倫理学者であったスミスも梅岩と同様、経済と道徳の一体性を訴えている。つまり、近代化の先輩ともいえるヨーロッパの人々よりも先に、海の向こうの日本では、すでに庶民に対してこのような啓発活動が行われていたのである。

このような梅岩の功績は世界で知れ渡っている。数々の人文研究の名著を著したアメリカの社会学者ベラーは、なぜ日本が西洋以外の国で近代化に成功した唯一無二の国と成り得たかについて、江戸時代の文化に着目したが、その著『徳川時代の宗教』において、

「石門心学の存在が、その後の明治時代の近代化に寄与した」と評価している。

この考えに共鳴して実践し、後世に伝え続けた商人たちがいたからこそ、多くの老舗企業が今もなお日本に健在なのだともいえる。

梅岩は一六八五年、京都府亀岡市の農家の次男として生まれ、八歳から京都の商家へと丁稚奉公に出た。商家を辞してから神学に傾倒し、その後仏教（禅宗）については禅僧について修行をしたとされ、儒教も独学で学んでいる。こうした幅広い教養という素地のうえに「石門心学」はある。

梅岩は「士農工商」は階級ではなく、役割の違いであり、それを全うすることが人としての使命であると訴えた。

商売を否定的にとらえる儒学が「国教」とされた江戸時代。梅岩は「金を稼ぐことは汚い。高尚ではない」という社会の風潮に自尊心を失いがちだった商人たちに、誇りを取り戻したのである。

『論語と算盤』で有名な渋沢栄一や、経営の神様と謳われた松下幸之助も、この石門心学を学んだとされる。石門心学とは何かといえば、簡単にいえば「道徳と経済活動の両立」である。そのための考え方と具体的な行動について論じている。

一七三九年に出版された石田梅岩著『都鄙問答《とひもんどう》』では、ある学者との問答のなかで、「武士がその働きによって俸禄を受けることと、商人が商売で利益を得ることは同じことである」と学者を諭す場面がある。ただし、その商人にも「正しい道」を学ぶ必要がある。それを守ることで、商売は繁盛し、人は幸福になる。そして家が続く（江戸時代では最も重要な考え方であった）のである。

今の時代から見れば、これは老舗学の原点でもあり、会社経営のバイブルともなっている。前述したように、現在私たちが知る「名経営者」たちは、この「石門心学」を学んできた。

梅岩は「正直で倹約家であること」「勤勉であること」「陰徳の大切さ」を訴えた。陰徳とは、その字のとおり、声高に善行をアピールするのではなく、人に知れずとも、徳を積むことである。

これらの言葉の羅列を見るだけでも、管清工業の素朴で真面目な社員たちの顔が浮かんでくる。

人知れず、まさにマンホールの下で、危険を顧みず職務に当たる社員たち。せっかく清掃した翌日に、再び豪雨にでもなれば、また元の木阿弥。労力も費用もかさむが「街の安心安全」「美しい地球環境」という大義と、自らの使命感を前に、何度でもやり直す。社長もそれら社員を誇りに思い、「赤字になる」というつまらない愚痴を言うことはない。むしろ「よくやった」と褒め続けるのである。

大阪支店の芝田も、業績好調の秘訣を問うたとき「ただひたすら、真面目に、コツコツ」そう答えていた。梅岩は、正直であること、豪奢な生活をしないで、分をわきまえることの連続が、信頼を得る唯一の道であると説いた。

取引先や同業他社からの、管清工業への厚い信頼は、梅岩にいわせれば、「当然得られるべくして得た信頼」といえるだろう。

「共存主義」が未来を拓く

「地域の企業とともに」

社員たちへのインタビューで、何度もこのセリフを聞いた。ライフラインを担うインフラ産業であるから、市場は日本中にあるとはいえ、すでにそこには地元の企業がある。

特に、公共事業部が取り扱うのは自治体からの受注。当然、入札ともなるし、社員たちが教えてくれたように、自治体は「地域企業優先」という原則がある。そこに入り込もうとすれば仕事の取り合いにもなるだろう。それがそうでもないというのは、今回の取材で初めて分かったことだ。

地方の企業ができることは任せる。それでもできないことを管清工業が担う。そのためにも、技術開発部門は技術革新を続けるし、現場はその機械を駆使し、自らの職人的な技術も研鑽して、「管清にできない仕事はない」という信頼を得続けている。

営業は、それらの社内の資産（機械や現場の技術）をどう活用すれば、相手の「お困りごと」を、よりスムーズに確実に解決できるかを提案し、時には潜在的なニーズを創出する。何人かの社員たちが話したことをまとめればこういうことだが、言うは易く、行うは難しで、それをできる企業がほかにいないからこそ、管清工業は唯一無二の存在感を放っている。

しかし、最も管清工業について特筆すべきは、技術革新でも先見の明でもないのかもしれない。どんなに優れた能力をもってしても、会社への信頼がなければ依頼をしたいとは思わないだろう。地域の企業の市場を荒らすのではなく、しっかりと役割分担をし、それぞれの責務を果たす。その連続が信頼という、人間にとっても、企業にとっても最も得難く、失いやすい大切なものを得る正当な方法なのだと思う。

目先のことよりも、未来のことを──出前授業──

管清工業は現場での作業をより安全に、スピーディーに確実に行うために、独自の技術開発を続けているが、前述したように、だいたい三年は完成までの時間を要するという。毎日現場はそこにあるのに、それまでの時間を要さなければ自分たちの求めるレベルのモノが作れない。技術開発者からすれば、忸怩たる思いもあるだろう。けれども、そこに妥協は許されない。社員をはじめその機械を使って作業する人たちの命にも関わることなのだ。時間を要するのは、技術開発だけではない。目の前の仕事を取ってこなすだけでも多忙を極める、全国から要請のある管清工業だが、名古屋支店課長の宮川が語気を強めて語ったように「目先の仕事をして利益を稼いでいるだけの会社じゃない」のである。

管清工業は、CSR活動として、「管路管理総合研究所」を二〇〇七年に設立した。子どもから大人まで、下水道の役割や重要性を伝えると同時に、下水道は生活者の目線でどうとらえられているかをリサーチし、下水道事業のあり方を調査研究している。

小笠原諸島などの離島も含め、全国どこでも出張して、「下水道の授業」を行っている。宮川が「利益を得ているだけじゃない」と言ったとおり、無償だというから驚きだ。

二〇〇九年には、この事業で国土交通大臣賞 第一回「循環のみち下水道賞」を民間企業で初めて受賞した。二〇一九年までの十二年間で、累計六万人がこの授業を受けている。

小学生には分かりやすいイラストの入ったスライドを使ったり、水に溶けるものは何かを知るための実験を行ったりと、飽きずに楽しめる工夫を、中学高校生には社会的な意義や今後のあり方などをともに考えるような内容にし、お祭りやイベントにも要望があれば出張する。

子どもの頃、下水道の役割や大切さを知ることは、下水道や水のことはもちろん、この地球が人間のものではなく、たくさんの生物と共存し借りている大切な場所であると気づく、きっかけにもなるだろう。

殊に宮川が声を大きくしたのは、彼自身が子どもの頃の、川の汚染が美しく変わっていく光景を目の当たりにしたことだ。子どもの頃に感じた素直な「衝撃」は、大人になっても鮮明なままだ。

こうした取り組みを採算度外視で行うのは、美しい水環境を守ることが、人の命を守ることだという強い使命があるからだ。自分たちだけが儲かればいいという発想は同社には皆無のようである。

そこにはもちろん、「業界のパイオニア」という自負もあるだろう。

社員たちが命懸けで守っているマンホールの下の世界を、一人でも多くの子どもたちに知ってもらう活動は、もうすぐ十五年目を迎える。

老舗企業社員の特徴とは何か

企業経営者ではなく、社員たちに焦点を当てたいくつかの調査を見ていくと、管清工業の社員たちの取材内容が（六十年企業ではあるけれど）、面白いほど百年企業に勤める社員の回答と共通点が多いことが分かった。あくまで個人的な見解ではあるが、社員はもとより、管清工業よりも若い企業にも、会社を選ぶ側にとっても、あるいはこの先、今いる会社がさらに成長していくためにも参考になると思うので、そのいくつかを挙げてみたい。

出典はいずれも周年事業ラボ（日経ＢＰコンサルティング）の調査による。

（一）社員同士の付き合いが濃い

管清工業の社員たち、特にベテラン社員たちが決まって披露してくれたエピソードが「終業のチャイムが鳴ると、どこからともなく一升瓶が出てきて、みんなで一緒に呑んだ」

というもの。その情景は昭和そのものだが、昭和の企業とてみんながみんな、そのような光景があったとは思えない。

この調査によれば、勤務先の社員との付き合いについて、「プライベートで付き合いがよくある」「時々ある」が、百年以上の企業では五十六・一%、創業五年未満の企業では、三十六・三%と二十ポイント近くの差がついた。さらに、「プライベートと一線を引く」かどうかを問うた設問では、百年超の企業は十八・二%だったのに対し、五年未満企業は四十八・八%もの社員が「一線を引く」と答えた。

管清工業の社員の多くが、在籍年数にかかわらず「アットホームな雰囲気」と感じていることは、そのインタビュー内容からも明らかだが、こうした社風と、会社の寿命には相関関係があるようだ。

(二) 百年企業には社内恋愛が多い

五年未満企業では、社内婚・社内恋愛が「ほとんどない・禁止されている」の合計が六十七・一%にも及び、「かなり多い・そこそこ多い」の九・七%を大きく引き離している。社内で恋愛などするものではない、あるいはできる状況ではないような、ちょっとドライで殺伐とした空気を感じてしまう。

一方、百年企業はどうか。「禁止されている」は〇%、「ほとんどない」は十三・二%だったのに対し、「かなり多い・そこそこ多い」を合計すると、四十七%にも及んだ。その間の企業年数でも、企業年齢が高いほど、社内婚・社内恋愛が多いという結果になった。一の設問と類似しているが、男女問わずにリラックスした雰囲気があることが、永続する企業に不可欠という結果になった。「社内恋愛なんてけしからん」という経営者は、今後気をつけたほうがいいだろう。

さて、管清工業はどうだろう。統計を取ったわけではないが、今回取材した二十人ほどの社員のうち、女性が二人、男性も三人が社内婚をしたと答えた。特に男性社員はそのインタビューのなかで「いい奥さんに出会えた」「可愛い奥さんをもらった」「おかげさまで楽しい家庭を築くことができている」と頬を緩めて教えてくれた。

(三) 社員がリタイアするまで勤めたいと思っている

このセリフと同様の意味の言葉を、筆者は取材中何度も聞いた。多くの社員がそう語るので、もはや誰の口から出た言葉か、思い出せないほどだ。

調査データを見てみよう。現在の勤務先にどれくらい勤め続けようと思っているかという設問に対し、百年企業は七十五・九％が「リタイアするまで続けたい」と回答。一方で、五年未満の企業では四十七・六％と三十ポイント近くの差が開いた。さらにいえば、「時期は決めていないが辞めるつもり」と回答したのは、老舗企業では十五・九％だったのに対し、五年未満の企業では三十二・九％。「すぐに／五年以内に／十年以内に辞めるつもり」と時期をある程度決めている社員の割合は、老舗では八・三％に留まったのに対し、五年未満では十九・五％。五年未満の若い企業では、実に五十二・四％の社員が、「時期はともかく辞めるつもり」でいるという衝撃の結果となった。

管清工業の取材で驚いたのは、男性社員はもちろんのことだが、女性社員の多くも「ずっと続けたい」と答えていたことだ。このご時世に、男性と女性を区別するのもどうかとは思うが、やはり結婚や出産、育児など、女性にはライフステージを変えるきっかけとなるライフイベントがある。

男性の育児参加は徐々に増えているし、同社の場合は、男性でも育児休暇を取得している者もいる。しかし、出産に関していえば女性に代われるわけもなく、やはり女性が仕事を中断せざるを得ない状況だ。これは生物学的な問題であるから、致し方ないだろう。

そのような「女性の不利」を解消するために各企業も復職制度や産休育休があるわけだが、制度が充実していれば勤め続けたいかといえば、話はまた別だ。

もちろん個人的な理由はそれぞれあるかと思うが、多くの社員たちが話していたこの言葉に尽きると思う。

「この会社では、自分が成長することができる」

「学び続けられることが、うれしいし、毎日が楽しい」

もちろん、金銭的な待遇や福利厚生も大切だろうし、他人から見た称賛の声や、それによる優越感によって仕事にやりがいをもつ人もいるだろう。

けれども管清工業の社員たちは、どうやらそれが最も重要なこととは考えていないようなのである。

自己成長を続けられるということを、実感できる会社であるか。社員たちの目は、そこに向けられている。

（四）社員が会社の将来像を考えている

勤務先の将来をどの程度、考えているかという点でも、百年企業と若い企業とは大きな違いが出た。

「全体の将来像を常に考えている」「担当している事業の拡大を考えている」「予算達成など一年単位のミッション遂行を考えている」「日々の業務に追われ新しいことを考える余裕がない」から、一つを選ぶという調査方法だ。

「全体の将来像を常に考えている」と回答したのは、創業百年以上の企業で三十・四%となったのに対し、五年未満の企業では十九・五%。若い企業が最も多かったのは、「日々の業務に追われ新しいことを考える余裕がない」、なんと四十五%以上の社員が業務に追われている姿が浮き彫りになった。ちなみに、十年未満ではその率が四十七・三%と上回っている。

この点においても管清工業の社員のインタビューからは、若い社員が自分の業務に邁進していくことを優先するのは当然として、そのような若い世代でさえ、「自分事」の部分だけでなく「会社の未来」についても語っていたことが多くうかがえた。

「会社が成長するスピードについて行きたい」という者もあれば「会社の未来を信じているので、貢献したい」と語る者もいる。逆に、「もっと会社がよくなるために、こういう点を改善するほうがよい」と提案する社員もいる。

それはもちろん、同社の業務が社会貢献度や公共性の高い仕事であることも要因としてあるだろう。けれども新しい業務や責任ある仕事に、若いうちから携わらせてもらえることで、全体を俯瞰する目や、「小さな経営者」としての視点を醸成しているのだとも思う。会社のことを、自分事としてとらえる。自分事を会社の未来とともに考える。こうした相互関係が、プラスのスパイラルになって企業の永続性や会社へのロイヤリティを高めているのだろう。

(五) 社員がずっと会社が続いてほしいと思っている

「自分が死んだあとも、会社が続いてほしい」。そう願うのは会社へのロイヤリティの究極の姿だろう。創業一家でもないのに、ここまで思うとするならば、もはや「忠誠心」という言葉では言い表せない。

仕事に対する誇りと、そのやりがいある仕事を「この会社だからこそ」実現できるという強い思いがなければ、ここまで思う人は少ないだろう。

五年未満の企業では、二十九・九%の社員が「ずっと続いてほしい」と回答。これが百年企業となると四十八・三%にまで跳ね上がる。さらに対照的なのは「別に続かなくても構わない」というドライな意見。五年未満の企業の社員の実に三十一・二％は、自分の人生と勤務先とは別という考えのようである。百年以上の老舗に勤める社員は、十・七％が「なくても構わない」と答えた。

九州支店の古賀は、会社が三百年続くということを前提としたうえで、「その歴史に自分の足跡を刻みたい」と語り、「子どもたちが望めば、ぜひ管清工業に入ってほしい」と言った。三百年という年月のうち、管清工業が刻んだ時間は六十年。目標まで二百四十年もの歳月を要するが、そこにはもちろん、自身の生は尽きている。「自分の目が黒いうちは」などというケチな思想はないのである。

一方で、壮大な目標があるからこそ、危機感も大切だと語ったのは取締役の飯島だ。「世の中は、思いもよらないスピードで進んでいく。この先自分の仕事があるかということを、シビアに見つめなければいけない。それを踏まえて、社員一人ひとりがスキルを磨き続けることが肝要だ」

経営者の一員であるからこそ、楽観的だけでもいけないと身を引き締める。

若者が希望を抱き、中堅社員が使命感をもって職務に当たる。ベテランの社員たちは、彼らの夢や希望が叶うまで、鋭い視点と健全な危機感をもって監督する。

「任せて任せず」。松下幸之助の言葉はすでに引用したが、こうした役割の連鎖があるからこそ、未来は続いていくのである。

そして未来へ――老舗になるための条件

老舗企業の研究については、すでに多くの書籍が出ている。共通点は次のとおりだ。

（一）社是、社訓、家訓の存在

帝国データバンクの調査によると、創業百年を超す老舗企業の七七・八％が、社訓や家訓が口伝もしくは、明文化されていると回答している。これは老舗に限らず、ひと頃の「クレド」ブームもあり、今や多くの企業で「企業理念」というものが存在する。企業理念があれば老舗になるかといえば、もちろんそんなことはない。問題はその中身である。

道徳的なものであり、人としての生きる姿勢をベースに、それを経営に置き換えたものでなければ、理念としての意味はなさない。経営状況が良いときにも、逆に悪いときにもぶれない軸として、絶対的な羅針盤となる存在として、経営者や社員たちが企業理念を理解している必要がある。自社独自の使命が、そこには明確に表れていなければならない。

近江商人や石門心学などの「商人道」に準じた家訓をもっている老舗も多い。

帝国データバンク編『百年続く企業の条件』において、社是・社訓について、面白い分析を行っている。「社訓あり」と答えた老舗の社訓を分析し、五つのキーワードに分類した。それが「カ・キ・ク・ケ・コ」だという。

「カ」とは感謝。キは「勤勉」、クは「工夫」、ケ「倹約」、コ「貢献」と続く。老舗企業はほぼ、このいずれか、または重複してこれらを重要な要素として、経営理念に盛り込んでいるというのだ。

さて、管清工業の経営理念を見てみよう。ホームページにはこう記載されている。

――常にお客様の満足を得るサービスの提供を念頭におき、作業の安全と環境に与える負荷の低減を基本に長期的目線で安定経営のできる企業を目指す――

「カ・キ・ク・ケ・コ」に該当する言葉そのものはないが、この文章からは、顧客への感謝やサービスの工夫、そして資源負担に対する倹約の姿勢、環境や作業の安全に「貢献」する姿勢など、その意味合いはほぼ網羅されている。

社員たちのインタビューでも、「感謝」「貢献」「工夫」「勤勉」について語る者がとても多く、より強くこの「カ・キ・ク・ケ・コ」を感じることができた。

(二) 不易流行

百年や三百年という歴史のなかには、戦争や天変地異、経済的な向かい風、時に大きな政変もあっただろう。これらを乗り越えて百年を超す長寿企業として、存在し続けている。老舗の多くが「変えないところ」と「変えるべきところ」を明確にし、柔軟に対応している。変えないところは企業理念や家訓にも示されるような「ゆるぎない軸」である。経営においては、本業である、コアな事業や独自性を守り、本業と関係のない事業には手を出さない企業がほとんどだ。

「変えるべきところ」はどちらかといえば方法論だ。時代の要請に合わせて、自社のサービスを変容させていく柔軟性があることが、永年企業の共通点である。

野村進著『千年、働いてきました』に登場する老舗企業は、いずれも老舗に多い旅館や和菓子といった業種ではなく、あえて「製造業」にスポットを当てている。

そこには金箔の技術を活かしてスマートフォンの中の極小の部品を製造していたり、創業から間もなく四百年という老舗中の老舗の醤油メーカーが、醤油製造から生まれた技術で、オーストラリアの羊の毛を安全に簡単に、そして安価に、羊にも痛くない状態で「剥ぐ」液剤を開発したり、という会社がいくつも紹介されており、実に面白い。

永続する企業は、私たちの想像をはるかに超える柔軟な発想で、歴史を刻み続けている。

管清工業はどうかといえば、下水道管の維持管理というコアな部分を外さず、その方法論を常にイノベーティブに開発し続けている。また、自社で蓄積したデータをオープンにすることで、国のインフラを支え続けるという心の広さももち合わせている。このような姿勢をこれからも維持し、発展させていくことで、社長や社員たちが夢見る「三百年企業」という目標に一歩一歩近づいている。


「伝統と革新」という言葉はもはや老舗を語るうえでは外せない言葉だ。

『老舗学の教科書』の中で「老舗学研究会」という組織が、研究の一つに、「百年企業と三百年企業の違い」を研究するというユニークな視点で研究した成果が記載されている。

それによると、「伝統」と「革新」はいずれも事業に取り入れてはいるが、その振り幅が、三百年企業のほうが激しいという結果だった。百年企業は、本社のローカル性などを重視する一方で、三百年企業では、次世代へ向け、新時代感覚を取り組む姿勢が、百年企業よりも前のめりだという。

多くの読者は、その逆だと思ったのではないか。軸足に大きな自信があるからこそ、チャレンジすることに迷いがないのだろうか。時代を読む力が歴史のなかで培われていること、たとえ外部から見たら大きなふり幅でも、「家訓」や「社訓」に裏打ちされた「軸」をしっかりと死守しているからこそ、チャレンジし続けることができるのだろうか。

三百年という長い歴史を乗り越えてもなお元気な企業に、学ぶべきことは多い。

(三) 社会貢献・地域貢献

企業は社会の公器である、といわれる。その地域に大きな影響を与えてきた老舗であればなおさら、地域とともに歩む姿勢、そして社会への貢献という視点は欠かせない。日頃からの地域社会への貢献を続けていると、大きな危機さえも乗り越えられるという事例はいくらでもある。

老舗へのアンケート調査で、「苦しいときに、なぜか誰かがいつも救いの手を差し伸べてくれた」というようなエピソードを挙げる企業が多かったことが印象的だったと、『百年続く企業の条件』では綴られている。日頃の善行があればこその「不思議な力」なのである。

常日頃から地域社会への貢献を事業として行い、子どもたちへの啓発活動や、地域社会とのつながりを保つために、運動会の参加やイベントの開催などで、触れ合いをもつ機会を作っていることは、これからも重要な活動だ。イベントや啓発活動をしたところで直接利益になるわけではないが、目先の利益追求のみをして老舗になった例はない。

地域との共存、同業他社との共存を重要視するのは、流行りのCSR活動でも、CSV活動でもない。もっと自然に当たり前のこととして続けているからこそ、意義が大きい。

管清工業が行っている、下水道管内のテレビカメラ調査の映像を地上に置いたテレビモニターを使って通行人や現場周辺の住民にライブ映像として発信する取り組みがある。これは、啓発活動という意味もあるが、純粋に、この地下で何が行われているか知ってもらう、いい機会にもなる。住民にとって安心感を増すだけでなく、そこで働く社員たちにも親近感が湧く。最新の技術を使って、人と人が近かった昭和の時代のようなハートフルな触れ合いも復活させることができるだろう。

二〇二一（令和三）年一月、この取り組み「下水道管内調査のライブ映像公開による下水道の見える化と地域住民との交流」は、第四回インフラメンテナンス大賞「メンテナンスを支える活動部門」として、国土交通大臣賞を受賞している。

（四）社員を大切にする

社長の長谷川は、「企業というものは、『手』がなかったら仕事にならない。社員や部下を大切にするのは当たり前のこと。そのための『いい環境』をつくっていくのが経営者の仕事」と語ったが、社員をないがしろにしては企業の存続は難しい。

かつて老舗には「丁稚《でっち》」という制度があった。まだ若い従業員を家に迎え入れ、衣食住をともにする。親方はおおかた仕事には厳しいが、そこには心優しき「おかみさん」がいて、わが子同然に接してくれる。こういう「衣食住の安全」が確保されているから、仕事に邁進できるし、当然忠誠心も湧く。

今でこそ、ここまで徹底した丁稚制度は見たことはないが、老舗はかつてどこもこのように社員たちを、仕事のコマなどではなく、人間として育てるという気概があった。

現在では優良企業になればなるほど、寮生活や部活動などがあり、家族ぐるみの付き合いや交流を図っている。家族ぐるみでその企業のファンであるというケースは老舗によく見かける。

管清工業で「釣部」を開設した大阪支店の芝田も、「子どもは管清工業が大好き」と頬を緩ませた。多くの社員は面接のときの、「しっかりと自分の話を聞いてくれた」という面接官のハートフルな対応に惹かれて入社する。若手の社員、中国営業所の田中は「面接で交通費が出たのは管清だけ」と、入社前の学生に対する思いやりを忘れられない。こうした連鎖は、知らずのうちに「その会社らしさ」を生み、それが醸成されて「企業文化」となる。

（五）企業も社員も常に学び続けている

老舗には、イノベーティブな資質が備わっていなければならない。「いつもと同じ」「これまでと同じ」では、幾多の時代の荒波を乗り越えていくのは難しいだろう。

なぜ老舗が革新を続けられるのかといえば、伝統や本業という確固たる軸があるのはすでに述べたが、日々の学びと研鑽の姿勢がなければ、革新への道のりは遠いだろう。

管清工業では、「もっと成長したい」という成長意欲の高い社員が多い。そしてそれを楽しんでいることが、インタビューから見ても容易に分かる。その社員の成長意欲に応えられるようにするのは、会社の役割だ。

若手に仕事を任せるということもそうである。若手に早いうちから仕事に対する達成感をもってもらうために、業績に「少々の下駄」を履かせて融通を利かせるのも、暗黙の了解であるのだろう。自分がしてもらったことは先輩になったときに、後輩にも同様のことをする。学び続ける環境は、仕事現場でも十分にそろっている。

会社に研修制度が充実していることもそれに当たるだろう。管清工業横浜研修センターには、透明の配管が張り巡らされている研修室がある。その先にはタンクのついた水洗トイレ、最近流行りのタンクレストイレ、男子用の小便器、キッチンシンクなど、排水の詰まりを直す研修ができるようになっている。

その工程を可視化するために、わざわざ透明の床の下に、透明の排水管を巡らせているのである。

このような実地的な研修もあり、資格取得などの座学もある。もちろん社を挙げて、資格取得を推進している。

ＪＩＣＡへの出向（取締役・鈴木正二／南米ホンジュラス）や、国総研への出向（本社技術部・野田康江）など、社外への出向でさまざまな知識やシチュエーションを学ばせるのも、会社が「学び体質」であるからだろう。

これからの未来を見据えて、何を考えて事業を続けていくべきか。社員たちの言葉から考えてみる。

「変わらなければいけないのは、我々のようなベテラン世代です」

そう語ったのは、取締役管理本部長の鈴木正二だ。鈴木は延べ十五回もの転勤を繰り返し、さまざまな部署を渡り歩いてきた。社長に請われればどこでも行くという、行動派であり、異動した先では、必ず新しいことを成し遂げるべきだと持論を語ってくれた。

その鈴木が現在の管理本部長となったのは、自ら社長に願い出たからだという。その直前は東京本部に八年在籍。「一人の人間があまり長くい過ぎるのもよくない」というのが鈴木の考えだった。

特に、管理職の場合はそうだろう。自分の子飼いの社員を重用したり、変化を嫌うという癖も出てきてしまうかもしれない。革新の連続で、六十年の歴史もパイオニアとしての地位も築いているというのに、変化を嫌っては「管清らしさ」が失われてしまう。

もとより、自らこうした危機感をもつ鈴木が変化を嫌うわけはない。

さまざまな現場や部署を見てきた鈴木のもとには、本社に対する不満が耳に届くこともあったという。

「売上や利益を追ってきた感があります。例えば、当社の業務に関わる法律が改正されたことがあったときに、情報をすみずみまで伝達できたかといえば、そうではありませんでした。そういうことも、現場からのクレームで分かることがあります。

本社の管理部門のとりまとめとして、各事業所・営業所の声は吸い上げていく努力をしていかないといけないと思います」

鈴木が現職についてからは、鈴木をはじめ、ほかの社員も現場にも足繁く行くようになった。

「人事考課制度も偏りがあると感じるし、女性管理職はもっといてしかるべきと思います。現在、係長は一人、主任は二十人。管理職とされる課長はまだいません。能力がある社員はいます。どんどん活躍してほしいですね」

常に問題意識をもつ番頭のような存在。それが老舗には必ずいる。鈴木だけではきっとないだろう。しかし彼のような役員がいることが、会社の永続には必要である。

「次の社長のことも、考えていかなければならない時期です」

鈴木は続けた。長谷川家は三代続けて社長を継承しているが、子どものいない長谷川には後継ぎがいないため、社員あるいは外部から次期社長を見つけ出さなければならない。

帝国データバンクの統計資料「全国・後継者不在企業動向調査（二〇一九年）」によると、国内企業のうち「およそ三分の二（六十五・二％）」の会社が後継者不在状態だという。中小企業の場合は、後継者問題が廃業につながるリスクは高い。

管清工業は、業界での歴史や信用度も高く企業規模もあり人材も豊富にいるだろう。ただ、三代にわたり創業家が陣頭指揮を執ってきた同社の社長を継ぐには、相当の力量が必要である。もちろん経営者の後継者問題だけではない。東京本部工事課課長の大向は、技術者が育つ前に辞めてしまう現状を憂えた。本社で生産技術部に所属する田中宏治も、人材の流出を危惧して、人事に関心があると話している。

優秀な人材を育て、未来の後継者を生み出すことは、企業にとって最重要課題ともいえる。カリスマ的な経営者の後継ぎとなればなおさらだ。

鈴木は言う。

「我々の世代は後継者世代ではありません。もっと若い人たちを、いかに後継者候補として育てていくか。若い人に頑張れと言うだけではだめでしょう。ベテラン世代こそが、今変わらなければいけないと思っています」

ＩＴ化について注文を付けたのは、本社管理本部総務課主任を務める齊藤京子だ。ＤＸ事業部が立ち上がったとはいえ、まだ取締役の鈴木英一、一人が専任として職務に当たっている。「紙」をデータ化し、ペーパーレスにするだけではＤＸとはいえない。高度なＡＩを搭載した機械の開発や独自のシステムを構築することで、業務の効率化や高度化を図っていかなければならない。コロナ禍により、「現場でしかできない仕事」と、「遠隔でできる仕事」の棲み分けはより重要になってきている。そのためには、内製化だけでなく、外部ネットワークとのアライアンスも必要になってくるかもしれない。

管清工業は二〇一七年、国際航業株式会社、メタウォーター株式会社と下水道管路の点検・維持管理業務を支援するクラウドサービスを提供開始したが、このサービスの活用も今後より重要度が増してくるだろう。今後の展開が楽しみでもある。

外部ネットワークという意味では、現在多くの社員が口にした「官民連携」だけではなく、「産学連携」という道もある。自前主義でさまざまな技術開発をしてきた管清工業がどのような道をたどり未来へとその歴史を紡いでいくのか、しばらく目が離せない。

目を外に向ければ、管清工業の高い技術を、海外へ輸出するということもあるかもしれない。もともと親会社だったカンツールは、欧米から下水道管の清掃機具を輸入販売していたが、独自に開発を続けてきた管清工業の機具が、「逆輸出」される日も、遠からず来るのではないか。

――下水道の分野で長谷川がいつか追い付きたいと思っていた世界屈指の欧州企業がある。最近、そのトップと話す機会があり、自社技術を紹介していたところ、「こんなに、とんがっている会社だったとは」と舌を巻かれたことが何より嬉しかったという。
「私は早くから海外の下水道技術を見て、日本流に育ててきた。あの一言で自分の考えが間違っていなかったと報われた思いでした」――
長谷川が答えた、日経ビジネスオンライン二〇二〇年八月二十八日号のインタビュー記事である。

機器の輸出以外にも、技術の輸出ということもあるだろう。ＳＤＧｓにあるように、安心安全な水環境をつくるという技術を、途上国で指導する技術者派遣。前出の取締役管理本部長の鈴木はＪＩＣＡでホンジュラスまで出向いたが、このような事例が増えていく可能性もある。このような社会貢献を夢見て入社する社員も、おそらく増えてくるだろう。

今後は上水道業界への進出も視野に入れる管清工業。

その日を夢見て、今日も彼らは誰からも見えないマンホールの下、安心安全な水環境をつくるために、戦っている。

おわりに

マンホールの下の世界、初めて「のぞき見」した読者も多かったのではないだろうか。何より、筆者がその一人である。

「下水道維持管理に特化した面白い会社がある」

ひょんなことから、本書の執筆の機会を得ることになった。もともと環境問題に興味があった筆者は、「いいですね」と半ば軽い気持ちで引き受けた。

「軽い気持ちだったのか！」

と、怒らないでいただきたい。引き受けた瞬間は、興味ある分野ゆえに軽やかな気持ちだったが、仕事に向き合っているときはもちろん真剣そのものだ。きっかけなどは大した問題ではない（と思う）。

学生時代の遊学の一年間、社会人になってからの就業三年間を合わせて四年、環境大国と呼ばれるドイツで過ごしてきたが、新しいキャリア構築のために日本に帰国して、真っ先に驚いたのは、日本の街並みの不ぞろいさと、国民の環境に対する意識の低さだった。

「日本はこんなに汚い街だった？」

思わずそう自問自答した。きっと渡独前からそうだったのだろう。けれども私の目にはそれが写っていなかったのだ。カエサル（シーザー）はこう言ったそうだ。

「人は、見えるものを見ているのではなく、見たい景色を見ているのである」

渡独前、自分のキャリア形成のことばかりに気を取られ、周囲の環境や街並みを気に懸けている余裕もなかった。けれども、子どものころは、確かに近所のゴミを拾うことを「遊び」としていた少女時代があったのだ。その過去に、私は長い間、蓋をして、いつしか蓋をしたことすら忘れていた。

帰国後の私は、空を見上げては、街中に張り巡らされた電信柱にうんざりしていたし、当時、実家のある横浜でも勤務地の東京でも、行われていた分別は不十分なもので、ドイツの細かな分別とは比べ物にならなかった。

街に落ちているペットボトルのゴミを見るたびに、「ドイツにあるペットボトル回収機があればいいのに」とも思っていた。学生時代、お小遣い稼ぎに男子学生はよくペットボトルを拾っては、いくらかの小銭が還元されるペットボトル回収機に足を運んでいた。学生にとってはお小遣いにもなるし、街はきれいになるし良いシステムだと思っていたが、なぜか日本ではいまだに普及していない（私の「学生時代」とは、もう二十五年以上も前のことだというのに）。

使い捨て主義、便利なコンビニで「なければ買えばいい」という発想。水道はただも同然で、生物分解できない洗剤をじゃぶじゃぶと使って食器を洗う。それが、帰国直後の日本の人々の生活スタイルだった。

ドイツで生活し始めた頃の私は、まずはドイツ流の「常に環境を考えて消費する」という生活スタイルに慣れることから始まったが、日本に帰国後、「環境なんか気にしないで消費する」生活スタイルに戻すことはできなかった。

しかし、それも今は昔。あの頃から日本も環境意識が高まってきているし、大量消費は、「ちょっとかっこ悪い」という若者も増えてきた。

教鞭を執る国立大学では、「環境に興味がある」と話す学生は、年々増えている。学部は経済学部だが、環境を語らずには企業存続はあり得ないという時代となり、経済を語るうえで欠かせないトピックでもある。

話題になるのは、ＳＤＧｓを中心に、プラスチックゴミによる海洋汚染、大気汚染や発展途上国の子どもたちがいい加減に分別された有害なゴミの分別により命を失っていること、CO_2の排出問題などなど。私も含めて、その議論の俎上に「下水道」を載せる者はなく、当たり前に水を使い、当たり前に水を流して暮らしてきた。

なぜならば、少なくともこの日本では下水道は見えないからだ。前出のカエサルを出すまでもなく、そこにあるものすら、意識的に見ようとしなければ記憶に残らないのだから、見えなければ意識のうえではないも同然だ。見えないものを見る力は、個人の力量に委ねられた。

見えない下水道管まで思いを至らせない程度の、「ちょっと環境問題に興味がある」レベルの筆者が、「下水道維持管理を専門とする特殊な企業」の執筆をするにあたり、勉強のためにとたくさんの「下水道」関連の本を読んだ。ところが専門的な本はあまりに難しく、その知識を焼き直ししただけでは、筆者が描く意味はないのではないかと思った。専門的な本は専門家の先生にお任せするのが一番だ。

本書を通じて、私のような「普通の生活者」の読者が、普段見えないマンホールの下に少しでも興味をもち、それが環境へ大きく影響があることを知る機会としたい。

当たり前に流れていると思っている下水道管の営みが、実は多くの人の手と知恵や技術革新、そして熱い使命感によって支えられているという事実を知ってほしい。

そういう願いを込めて、街中ですれ違えば「普通の会社員」である管清工業の社員の皆さん約二十人にご協力をいただき、インタビューさせていただいた。

さまざまな部署の、幅広い年齢の社員の方々の生々しい体験談は、どんな学術書よりも、訴える力があると思う。一見特殊な仕事に就いているように見える彼らも、家に帰れば、お父さんであり、お母さんであり、誰かの息子であり、娘である。高度成長期やバブル期を知る年代もいれば、長い就職氷河期で職探しに苦労した人もいる。もしかしたら、いつも乗る電車の隣に座っている彼が、今はマンホールの下で、汚泥や配管トラブルと格闘しているかもしれない。

街を見る目が少しでも変わったのならば、もう本書の役割は一つ、果たせたと思う。


そして書き終えた今、下水道事業の詳細を読者の皆さんに理解してもらうことだけでなく、もう一つ大切なことを、本書で伝えられるのではないかという期待を抱いている。

それはすなわち、働くことの意義や、社会に役立つことの喜びや、自己成長を続けることの楽しさ、そして使命感をもって生きる、名もなき人の美しい後ろ姿である。

本書を通じて、管清工業の社員の方々と同様、読者の皆さんの後ろ姿もまた、生き方によって美しく輝くという事実を知っていただければうれしく思う。

関口暁子（せきぐち・あきこ）

1974年東京都生まれ。大学在学中にドイツ遊学。

大学卒業後、航空会社グループ企業に入社し、企画部に配属。1998年単身ドイツに渡り、現地法人に入社。社長秘書を経て、現地物販店の再建事業に携わる。帰国後、消費財メーカーを経て、2002年飲食運営会社に入社。同年取締役に就任し、経営企画を担当。2006年企画・執筆業のdoppo設立。複数の雑誌で経営者や芸術家、著名人のインタビュー記事の執筆を行うかたわら、エッセイスト「あかつきゆうこ」としても執筆活動を行う。著書に『幸せの隠し味』（あかつきゆうこ著、フーガブックス）、『攻める老舗』（関口暁子著、同）、『Catch The Wind！「感謝」が成功を引き寄せる』（関口暁子著、幻冬舎メディアコンサルティング）がある。

本書についての
ご意見・ご感想はコチラ

日本の下水道を守る!
地下の勇士たち

2021年10月28日　第1刷発行

著　者　　関口暁子
発行人　　久保田貴幸

発行元　　株式会社 幻冬舎メディアコンサルティング
〒151-0051　東京都渋谷区千駄ヶ谷4-9-7
電話　03-5411-6440(編集)

発売元　　株式会社 幻冬舎
〒151-0051　東京都渋谷区千駄ヶ谷4-9-7
電話　03-5411-6222(営業)

印刷・製本　瞬報社写真印刷株式会社
装　丁　　弓田和則

検印廃止

ISBN 978-4-344-93668-3 C0034
幻冬舎メディアコンサルティングHP
http://www.gentosha-mc.com/